創意と工夫の系譜
電気洗濯機の技術史

大西 正幸 著

技報堂出版

書籍のコピー，スキャン，デジタル化等による複製は，
著作権法上での例外を除き禁じられています。

はじめに

　人類が地球上に現れ，衣類を身にまといはじめて，ほこりや汗で汚れた衣類を洗う「洗濯」という作業が生まれた。洗濯は長い間，手で行われてきたが，やがて石や棒などの道具が使われるようになり，桶やたらいなどの容器も利用されるようになった。そして，容器にかき回し棒を取り付けた「手動式洗濯機」が出現する。

　近世に入ると，電気の発見・発明により電動機（モータ）が開発され，手動式洗濯機は「電気洗濯機」に発展した。1908 年，アメリカのアルバ・フィッシャーが世界初といわれる電気洗濯機を発明し，ハレー・マシン社が生産・販売をはじめた。

　わが国では，1922（大正 11）年ごろから，商社によりアメリカから電気洗濯機が輸入されるようになった。1930（昭和 5）年，芝浦製作所（現東芝）はアメリカの企業と技術提携し，国産第 1 号となる「撹拌式」洗濯機「ソーラー A 型」の製作，生産をはじめた。しかし，1940（昭和 15）年ころから戦時体制に移行するなか，電気洗濯機の生産は止まり，戦前の普及台数は，価格が高いこともあって，5 000 台程度であった。

　戦後，進駐軍の家族向け電気洗濯機の発注がきっかけとなり，異業種を含め 20 社近くが電気洗濯機市場に参入した。このころイギリス・フーバー社の「一槽式洗濯機」が小型で安価だったことから，日本でも各メーカーが一槽式洗濯機の開発に乗り出した。1953（昭和 28）年，物品税が事実上撤廃されるなか，いち早く三洋から，洗濯槽の横にパルセータ（羽根）がある「噴流式」の一槽式洗濯機が安価で発売された。この「噴流式」の一槽式洗濯機は爆発的に売れ，各メーカーも続いた。その後，洗濯槽の底にパルセータ（羽根）のある「渦巻式」の一槽式洗濯機が主流となった。

はじめに

　1960（昭和35）年，三洋から「二槽式洗濯機」が発売され，遠心脱水機の威力から需要が伸びた。遠心脱水機により，これまでのローラ絞りに比べ，はるかに衣類が早く乾くようになった。昭和30年代は，ほかの電気製品（冷蔵庫，掃除機，電気釜など）の普及とともに，日本の電化生活の幕開けとなった。

　1966（昭和41）年，三菱と東芝から「自動二槽式洗濯機」が発売され，洗濯工程の自動化が進んだ。

　1980（昭和55）年，洗濯物の量が増えるなかで，脱水槽ですすぎと脱水を行う「同時進行型洗濯機」が開発された。

　「全自動洗濯機」は，1965（昭和40）年に開発され，液体バランサ，マイコン，各種センサ，インバータと技術を進化させ，洗濯性能を向上させてきた。全自動洗濯機は，1980（昭和55）年ころから忙しい主婦の共感を得て販売数量を伸ばしはじめ，1990（平成2）年にはついに二槽式洗濯機を追い越した。

　2000年（平成12）年に発売された「ドラム式」と「タテ型」の洗濯乾燥機は，静音化と高性能が受けて普及しはじめた。共働きによる家事労働時間の変化やマンションなど住環境の変化により，夜近所に気兼ねなく洗濯・乾燥ができることが求められるようになったのである。

　今では洗濯機のない家庭はない。わが国では年間450万台ほどが購入されており，大部分が買い替え需要である。わが国で撹拌式洗濯機の製作をはじめて以来90年，一槽式，二槽式，自動二槽式，全自動式，ドラム式・タテ型洗濯乾燥機へと，時代が求める新しい洗濯方式（構造）を開発してきた。本書では，これまでに開発されてきた各種の洗濯方式の経過を，洗濯機技術の発展史として7章にまとめた。

　第1章「電気洗濯機の誕生」では，手動式から電動式へ，そして世界初の電気洗濯機の誕生とその後の発展について述べる。

　第2章「国産初電気洗濯機の誕生と戦後揺籃期」では，わが国初の撹拌式電気洗濯機とそれに影響を与えたアメリカの洗濯機，そして戦前から戦後揺籃期の電気洗濯機の開発・普及状況について述べる。

　第3章「一槽式洗濯機と遠心脱水機」では，わが国で噴流式の一槽式

洗濯機から，渦巻式の一槽式洗濯機に至った背景と独自技術について説明する。また，ローラ絞り機から，遠心脱水機への移行についても述べる。

第4章「二槽式洗濯機と自動二槽式洗濯機」は，普及率90％を超えた二槽式洗濯機の技術開発がどのように進んでいったのか，また自動二槽式洗濯機が生まれた経緯を述べる。

第5章「全自動洗濯機と衣類乾燥機」は，究極の洗濯機の開発をめざした家電メーカーが20世紀末にその目的を達成するまでの長い研究実態と，市民生活や主婦感覚の変化について説明する。また，洗濯行程の最後となる衣類乾燥機の開発過程について述べる。

第6章「ドラム式とタテ型洗濯乾燥機」は，洗濯・すすぎ・脱水・乾燥まで自動化した技術について概要を述べるとともに，今後の見通しについて考察する。

第7章「まとめ」で，わが国の洗濯機開発90年の歴史を総括する。市場では，一定の期間異なる方式の洗濯機が混然と販売されており，何が引き金となって洗濯方式が大きく変わっていったかについて考察する。

21世紀に入り，わが国では静音化など技術のブレークスルーにより，ドラム式（横型）とタテ型の洗濯乾燥機二方式が併売され普及しつつある。両方式とも，洗濯機としてはほぼ究極の姿と思われる。

洗濯機技術の骨格として，撹拌式からドラム式までと，関連の深い遠心脱水機および衣類乾燥機も加えた商品のエポックメーキングな機種を選定し，技術の発展および時代背景をたどる。

付録として，「わが国の主な洗濯方式の変遷，新洗剤の発売」その他を添付した。

家電6社の社名は，時代とともに変わっており，文中ではもっとも長く呼ばれてきた呼称を使った。

参考までに，2019年7月時点の洗濯機事業社名を記述する（五十音順）。

三　洋　：アクア株式会社
シャープ：シャープ株式会社

はじめに

　東　芝　：東芝ライフスタイル株式会社
　日　立　：日立アプライアンス株式会社
　松　下　：パナソニック株式会社
　三　菱　：三菱電機株式会社（2008年10月，洗濯機事業から撤退）

　本文に入る前に，［洗濯方式の種類と構造］の概略と，簡単な動作を次ページに記載した。また，一般読者が構造など理解しやすいように，各所にシンプルなイラストを用意した（筆者作成）。

はじめに

□ 洗濯方式の種類と構造

わが国が 1930（昭和 5）年の撹拌式洗濯機以降たどってきたさまざまな洗濯方式について，外観および構造の概略と，主な動作について記載する。

No	呼　称	外観と構造	備　考
1	撹拌式洗濯機		[撹拌式] 翼（径 460mm）の左右に動く角度は，機種により 120 度，180 度，220 度など 動く回数は，毎分 50/60 回（50/60HZ）
2	一槽式洗濯機		[噴流式] 洗濯槽の壁面に羽根（パルセータ：径 160mm）が取り付けられている 洗濯容量の多少に関係なく，一定の水量が必要 毎分 580/680 回転（50/60HZ）一方向
			[渦巻式] 底に羽根（径 180mm～） 洗濯容量が少ないときは，水量を少なくできる 毎分 400/480 回転（50/60HZ）一方向，30 秒ごとに反転
	遠心脱水機		[遠心脱水機] 脱水槽はモータに直結 毎分約 1450/1750 回転
3	二槽式洗濯機		[渦巻式] 底に羽根（約 180mm～） 洗濯　毎分約 400 回転（50/60HZ） 脱水　毎分約 1450/1750 回転
	自動二槽式洗濯機		[洗濯-すすぎ工程のみ自動化] 底に羽根　毎分約 400 回転（50/60HZ） [洗濯工程，すすぎ-脱水工程ともに自動化] 同時進行型と呼ぶ

はじめに

No	呼称	外観と構造	備考
4	全自動式洗濯機		[渦巻式] 洗濯，すすぎ，脱水を自動化 底に羽根（約 180mm 〜） 洗濯毎分約 730 回転→140 〜 200 回転 脱水毎分約 720 回転→900 〜 1000 回転
	衣類乾燥機		[乾燥機] ドラム毎分約 48 〜 53 回転 ヒータで加熱する 排気型と除湿型がある
5	ドラム式洗濯乾燥機		[ドラム式] 洗濯，すすぎ，脱水，乾燥を自動化 洗濯・すすぎ毎分約 40 〜 60 回転 脱水毎分約 1400 〜 1600 回転 乾燥毎分約 80 回転 ヒートポンプ除湿型と水冷除湿型
	タテ型洗濯乾燥機		[縦型] 洗濯，すすぎ，脱水，乾燥を自動化 洗濯・すすぎ毎分約 35 〜 45 回転 脱水毎分約 1000 回転 乾燥毎分約 35 〜 170 回転 水冷除湿型，温風乾燥型

目　次

第1章　電気洗濯機の誕生　　1

1.1　道具を使った洗濯　　1
- 洗濯と石けんのはじまり　　1
- わが国の洗濯　　2
- 欧米の洗濯　　4

1.2　手動式洗濯機の発明　　6
- 手動式洗濯機の発明　　6
- 日本の手動式洗濯機　　8
- 洗濯に要する時間　　9

1.3　電気洗濯機の誕生　　10
- 電気洗濯機を発明したのは誰か　　10
- ソアー（Thor）洗濯機　　11
- メイタグ撹拌翼の出現　　13
- GE 社が洗濯機に参入　　15

第2章　国産初電気洗濯機の誕生と戦後揺籃期　　19

2.1　国産初電気洗濯機ソーラー　　19
- ソーラー A 型洗濯機の誕生　　19
- PR 誌による販売促進　　22
- ソーラー洗濯機の取扱説明書と広告　　24

目　次

2.2　戦後復興期の家電	26
●　進駐軍家族向けの洗濯機	26
●　物品税の撤廃	27
●　戦後の洗濯機開発	28

第3章　一槽式洗濯機と遠心脱水機　33

3.1　フーバー洗濯機の衝撃	33
3.2　わが国の一槽式洗濯機	35
●　噴流式洗濯機から出発	35
●　渦巻式洗濯機の登場	38
3.3　一槽式洗濯機の改良	40
●　配管の工夫	40
●　部品の材質と加工	42
3.4　早すぎた自動一槽式洗濯機	43
3.5　遠心脱水機の発売	45
●　部屋干しできないローラ絞り	45
●　脱水機の構造と乾燥時間	46
●　遠心力の威力	48
3.6　高度経済成長と洗濯機の普及	50

第4章　二槽式洗濯機と自動二槽式洗濯機　53

4.1　二槽式洗濯機の登場	53
●　開発のきっかけ	53
●　アメリカの二槽式洗濯機	54
●　フーバー洗濯機の工夫	56
4.2　わが国の二槽式洗濯機	57
●　渦巻式の二槽式洗濯機の普及	58
●　プラスチックの普及が洗濯機を変えた	59

- ● 大物部品のプラスチック化 ……………………………… 60
- ● プラスチック化による軽量化 …………………………… 64
- 4.3 自動二槽式洗濯機の誕生 ……………………………… 67
  - ●「洗濯」自動化のしくみ ………………………………… 68
  - ● 夜の洗濯機 ………………………………………………… 70
- 4.4 「洗い」と「すすぎ・脱水」の同時進行 ……………… 70
  - ● 時代が求めた同時進行型洗濯機 ………………………… 71
  - ● 効率が良いわけ …………………………………………… 72
  - ● 定義づけと評価 …………………………………………… 73
- 4.5 国ごとに洗濯方式が異なる理由 ………………………… 75
  - ● 渦巻式（日本） …………………………………………… 75
  - ● 撹拌式（アメリカ） ……………………………………… 77
  - ● ドラム式（欧州） ………………………………………… 77

第 5 章　全自動洗濯機と衣類乾燥機 …………………………… 81

- 5.1 全自動洗濯機の誕生 ……………………………………… 81
  - ● 全自動洗濯機はドラム式が先行した …………………… 81
  - ● 撹拌式の全自動洗濯機の登場 …………………………… 84
  - ● トップローディング VS フロントローディング ……… 86
- 5.2 わが国の全自動洗濯機 …………………………………… 87
  - ● 遠心脱水装置付き洗濯機 ………………………………… 88
  - ● 日本初の全自動洗濯機 …………………………………… 89
  - ● 渦巻式の全自動洗濯機 …………………………………… 90
  - ● 渦巻式全自動洗濯機の構造 ……………………………… 91
- 5.3 全自動洗濯機のしくみ …………………………………… 95
  - ● 全自動洗濯機における洗濯行程 ………………………… 95
  - ● 自動動作する部品のしくみ ……………………………… 96
- 5.4 マイコンとセンサの力 …………………………………… 99
  - ● メカからマイコンへ ……………………………………… 100

目　次

  ● センサの原理と働き　　101
  ● 洗剤自動投入器　　103
  ● ファジィ理論の応用　　104
 5.5　静音化の実現　　107
  ● バランスリングの役割　　107
  ● 液体バランサのしくみ　　108
  ● インバータ制御　　110
  ● ダイレクトドライブ構造　　111
  ●「静音化」を広告の第一訴求に　　112
 5.6　衣類乾燥機の発売　　115
  ● 量産化はアメリカに27年遅れ　　116
  ● 排気方法と置き場所さがし　　119
  ● 蒸発させて水に戻す除湿機能　　121
  ● 需要動向　　123

第6章　ドラム式とタテ型洗濯乾燥機　　129

 6.1　ドラム式洗濯乾燥機　　129
  ● ドラム式洗濯機と洗濯乾燥機　　129
  ● DDインバータモータのドラム式への応用　　131
  ● 液体バランサのドラム式への応用　　132
  ● 乾燥方式やドラムの傾斜，扉の開閉の改良　　134
  ● ドラム式洗濯乾燥機の普及　　134
 6.2　タテ型洗濯乾燥機　　135
  ● タテ型の特徴　　135
  ● タテ型の水冷除湿乾燥　　136
 6.3　ヒートポンプ・ドラム式洗濯乾燥機　　137
  ● ヒートポンプの威力　　137
  ● ヒートポンプの基本　　140
 6.4　ドラム式とタテ型　　140

第 7 章　まとめ ... 143

7.1　洗濯機技術開発の流れ ... 143
- ●洗 濯 方 式 ... 143
- ●洗 濯 容 量 ... 145

7.2　洗濯機技術発展の理由 ... 146

おわりに ... 154

付　録 ... 156
付録 1　わが国の主な洗濯方式の変遷，新洗剤の発売
付録 2　わが国の洗濯機 主要機種開発年表
付録 3　洗濯機 年代別（生産・輸出・出荷）台数
付録 4　洗濯機の市場動向

索　引 ... 164

第 1 章　電気洗濯機の誕生

1.1　道具を使った洗濯

　人類が衣類を身にまとったときから，衣類の汚れを洗う「洗濯」という作業がはじまった。洗濯のために川や池に出かけ，手洗いだけでは落ちない汚れは，棒や石などの道具でたたいた。また，さらに汚れを落とすため，灰や土砂，植物の実，茎，葉などの洗浄作用の強い物質をこすりつけた。

● 洗濯と石けんのはじまり [1), 2)]

　洗濯と洗剤の歴史をたどると，B.C.2500 年ころ，古代メソポタミアの都市シュメールの粘土板に楔形文字(くさび)が刻まれており，石けんの作り方が書かれていた。これは，木灰(きばい)にいろいろな油を混ぜて煮たもので，塗り薬や織物の漂白洗浄に使われていた。

　また，B.C.2000 年には，エジプトのベニハッサンの墳墓壁画に，もみ洗い，たたき洗い，すすぐ，絞るなどの洗濯の動作が描かれている。（**図 1.1**）

　8 世紀に入ると，エスパニア（現スペイン）やイタリアで石けん作りが家内工業として定着し，原料には動物性脂肪と木灰が使われた。

図 1.1　エジプト壁画

第1章　電気洗濯機の誕生

　12世紀ごろには，地中海沿岸でオリーブの油と海藻灰のソーダから上質の石けんが作られるようになり，ヨーロッパ各地に広がった。石けん製造が盛んだったサボナという地名は，フランス語で石けんを意味する「サボン（savon）」の語源であるといわれている。日本では「しゃぼん」と呼ばれた。

　石けんの別名「ソープ（soap）」は，ローマ時代の地名「サポー（sapo）」が語源である。そこで生贄にした羊の油と灰が混ざってできた物質に洗浄力があることが発見された。石けんで手や顔を洗うことで，皮膚病や伝染病を防ぐようになったといわれている。

● わが国の洗濯 [3]

　昔話に「おじいさんは山へ柴刈りに，おばあさんは川へ洗濯に行きました」とあるように，遠い昔から洗濯は女性の仕事とされてきた。水資源に恵まれた日本では，水辺に集まって洗濯していた。

　8世紀末，『万葉集』の歌のなかに，「衣乾す」とか「解きあらい衣」「川に曝す」など，洗濯の情景が数多く歌われており，着物を解いて洗い，水に曝して漂白していた。

　当時，庶民の衣類は，太く硬い葛や藤の繊維で作られ，とても手洗いできるようなものではなかった。洗濯物を踏みつけたり，たたいたり，ふりつけたりした。洗剤には，あわ立ちのよいサイカチの果皮やムクロジの鞘など植物の煎じ汁，灰汁，米のとぎ汁などが使われた。

　平安時代（800〜1200年ごろ）に"たらい"が登場した。川や池などの水辺や井戸端に"たらい"を置き，水をくみ，しゃがみこんで手洗いするようになった。

　江戸時代（1600年〜）になるとすぐに水路の整備がはじまった。地下に石樋や木樋が作られ，あちこちに上水井戸が掘られた。この水道整備が家事労働の軽減につながった。庶民に普及しはじめた木綿の着物は，柔らかでしかも丈夫であり，いちいち解いて洗う必要がなくなった。

　洗濯の道具といえば，"たらい"とともに"洗濯板"がある（**図1.2**）。洗濯板（wash board）は，約200年前の1797年にヨーロッパで発明され，

1.1　道具を使った洗濯

図 1.2　たらいと洗濯板

明治中期（1800年代後期）に日本に伝わってきた。誰の発明かは記録がない。表面に波型の凹凸が付いていて「洗い板」「もみ板」「ざら板」とも呼ばれた。"洗濯板"は"たらい"とともに洗濯機以前の洗濯には欠かせない大切な道具であった。

石けんは，織田信長や豊臣秀吉が戦いに明け暮れていた 16 世紀ごろに，ヨーロッパ（スペイン）から伝来したとされている。日本人がはじめて手にした「シャボン（xabon）」は，南蛮渡来の珍品であった。

17 世紀のはじめには，中国からいわゆる「石けん」が伝来した。「ある草を焼き，その灰を浸出した水でうどん粉をこね，石のように固めたもの」で，洗濯に使う一方，饅頭の膨らし粉に用いられた。原料と用途は今と少し異なる。

明治期になってようやく，石けんで洗濯する時代がはじまった。これまで長い間，灰汁が使われていた。1873（明治 6）年，横浜磯子の堤磯右衛門（いそえもん）がわが国ではじめて洗濯石けんの製造に成功した。当時，石けんはすでに横浜税関を通って年間 20 万円以上も輸入されていたが，下剤，内服薬など医薬品としての効用が強調されていた。そこで磯右衛門は横浜に工場をつくり，試行錯誤の末にやっと洗濯石けんの製造に成功した。当時は，油脂をアルカリで固めただけの「固形石けん」であった。

明治 10 年代には民間の石けん工場の数も増え，国産石けんが国内消費の 65 % を占めるようになった。

日本の夜明けといわれる明治時代，"たらい""洗濯板""石けん"がそろい，庶民にとって大きな文明開化となった。しかし，しゃがみ込んでの洗濯作業は決して楽ではなかった。

第1章 電気洗濯機の誕生

● 欧米の洗濯 [4),5)]

　手で行う洗濯作業は，家事労働の中でも最も過酷な作業であった。ヨーロッパやアメリカにおいてもその作業は主婦の仕事とされ，小川の縁で岩の上の洗濯物を棒で叩き，足で踏みつける時代が長く続いた。

　ヨーロッパやアメリカでは，昔から月曜日を洗濯日と決め，当時，衣類の黄ばみをとるために青色染料ブルーダイ（blue dye）を使っていたことから，ブルーマンデー（blue monday）と呼んでいた。略してブルーデイ（blue day）とも呼ばれ，朝早くからお湯を沸かしせっせと洗濯の山を片付けていた。洗濯には以下のような道具が使われた。

〚洗濯棒〛

　洗濯板が発明される以前（1800年代），最も長く使われていたのが洗濯棒である。洗濯棒は，地域により名称も形状もさまざまであるが，代表的なものは「バット」「ドリー」「プランジャー」である。

　バット（bat）は，一般にたたき棒（beater）ともいわれる木製の洗濯棒である（**図1.3**）。17世紀の文書にも記録があるので，最も古い洗濯道具と思われる。作り方は工業化される以前の手工業で，形状は千差万別であった。

　ドリー（dolly）は，19世紀の洗濯撹拌棒である（**図1.4**）。先端に4～5本の脚（pegs）があり，洗濯桶（washing tub）の中に湯と衣類を入れ，かき回す。

図1.3　バット（bat）

図1.4　ドリー（dolly）

図1.5　プランジャー（plunger）と洗濯桶（Tub）

プランジャー（plunger）は，押付けカップ式，あるいはピストン式と呼ばれる道具である（**図 1.5**）。ドリーと同じように洗濯桶の中に衣類を入れ，上から押し付けるようにかき混ぜて洗濯する。19 世紀にヨーロッパで考案された。一般に，コーン状のカップには空気抜き用の小さな穴があいている。プランジャーは，道具から装置に代わる過程で，呼び方もコーン・アジテーター（cone agitator），バキューム・ワッシャー（vacuum washer）などと変わり，動作はそれぞれ微妙に異なる。この方式は，洗濯道具としてかなり小型に作られたこともあり，ドラム式や撹拌式が主流となる 1930 年代まで長く愛用されていた。

欧米では，洗濯は立ち仕事で，早くから洗濯桶を台の上に置いていた。やがて，洗濯桶に脚がつけられるようになった。これが洗濯機の原型となる。

〚洗濯板〛 2),6),7)

はじめ洗濯板（**図 1.6**）は木製であったが，1833 年に枠以外は亜鉛や銅でメッキをした金属製が出てきた。続いて，木製の枠に波を成型したガラス製の洗濯板がつくられた。洗濯板は，たたき棒よりも汚れがよく落ちた。

図 1.6　洗濯板（washboard）

〚絞り機〛 2),6),7)

また，衣類を絞る作業もつらいものである。絞りが悪いと，乾くのにも時間がかかる。そこで，18 世紀には，シーツやテーブルクロスなど大きな洗濯物を絞るための大型の圧搾ローラ絞り機マングル（mangle）が発明された（**図 1.7**）。一般に，頑丈な枠と 2 本のローラ，歯車とばねで構成され，クランクで回すものである。

後に，手動式の洗濯機が販売されると，洗濯機の上に簡単なマングルが取り付けられるようになった。当初，リンガー・マングル（wringer mangle），ランドリー・リンガー（laundry wringer）などと呼ばれていたが，洗濯機に組み込まれる小型の絞り機はリンガー（wringer）と呼ばれる

第 1 章　電気洗濯機の誕生

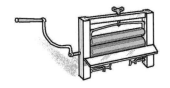

図 1.7　大型絞り機（mangle）　　図 1.8　洗濯機用絞り機（wringer）

ようになった（**図 1.8**）。最初の木製のリンガーは，1853 年に発明され，1872 年には，ローラ間に板ばねが取り付けられ圧縮できるようになった。

1.2　手動式洗濯機の発明

　洗濯桶（槽）とバットやドリーといった洗濯棒を使った合理的な洗濯が続けられるなか，それにハンドルやギアを取り付けた「手動式洗濯機」が考案された。

　19 世紀にはいると，発明へのエネルギーはヨーロッパからアメリカに移り，やがてアメリカが先行するようになる。1875 年ころのアメリカでは，洗濯機の製造会社が 200 社を超え，1880 年の特許出願数は 4,000 件以上になった。

　洗濯槽は木製だったが，ギアやハンドルは徐々に金属製に変わっていった。バットやドリーでかき回すより洗濯作業がはるかに楽になった。

● **手動式洗濯機の発明**[8]

　世界初の洗濯機の特許は，1691 年にイギリスで取得された。特許番号 271 号というだけで詳細は不明である。

1.2 手動式洗濯機の発明

図 1.9 ジェームス・T・キングの
手動式洗濯機洗濯桶（tub）

1851 年，アメリカのジェームス・T・キング（James T. King）が円筒型洗濯機を発明した（USP8446, 1851・10・21）。この洗濯機が，今日のドラム式洗濯機の元祖である。（**図 1.9**）

1858 年，ハミルトン・E・スミス（Hamilton E. Smith）がレシプロ・プランジャー型（往復ピストン式）洗濯機の特許を取得した（USP21909, 1858・10・26）。

1869 年，アメリカで，K・アレキサンダー（King Alexander）と K・ジョージ・H（King George H.）の連名で，手動の撹拌式洗濯機の特許が出願された（**図 1.10**）。丸い木製の桶の横にハンドルが付いており，これを回すとクランクにより力が桶の下に伝わり，ギアで方向転換し桶の中央のパルセータ（撹拌翼）を回転させる。このデザインは，洗濯桶に脚を取り付けた形である。

1874 年，アメリカインディアナ州の事業家ウイリアム・ブラックストーン（William Blackstone）は，妻の誕生日に手作りの木製洗濯機を贈った（**図 1.11**）。桶の中の円盤に，木の小さな足を 6 本備え，ハンドルを

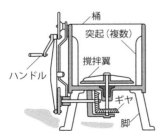

図 1.10 K・アレキサンダーらの
手動式洗濯機（概念図）

図 1.11 W・ブラックストーンの
手動式洗濯機（概念図）

第 1 章　電気洗濯機の誕生

回すとギアの働きで行ったり来たりと撹拌する構造であった。その後，彼はブラックストーン製造会社をつくり，この手動式洗濯機を 2.5 ドルで大量に売り出した。これが，アメリカではじめての洗濯機量産会社であった。

　5 年後に，会社をニューヨークに移したが，多くの対抗企業が参入して 19 世紀の終りには約 200 社もの会社が生まれた。18 世紀から 19 世紀にかけて，いろいろの形態の手動式洗濯機が作られた。今日の洗濯機の基本特許は，19 世紀のうちに大量に取得された。手動式洗濯機は安価なこともあり，後に電気洗濯機が発明されてからも平行して販売された。

　これらの手動式洗濯機の大きな特徴は，すべて立って洗濯する道具であったことである。日本のしゃがむ洗濯とは異なっていた。

● **日本の手動式洗濯機** [9]

　わが国では，1906（明治 39）年 6 月 12 日に奥山岩太郎が発明した名称「洗濯機」が登録された。その構造は，洗濯板を 2 枚重ねてその間に洗濯物を挟みこみ，レバーを動かすと上の板が前後に動き，手もみに近い洗濯ができると説明している。

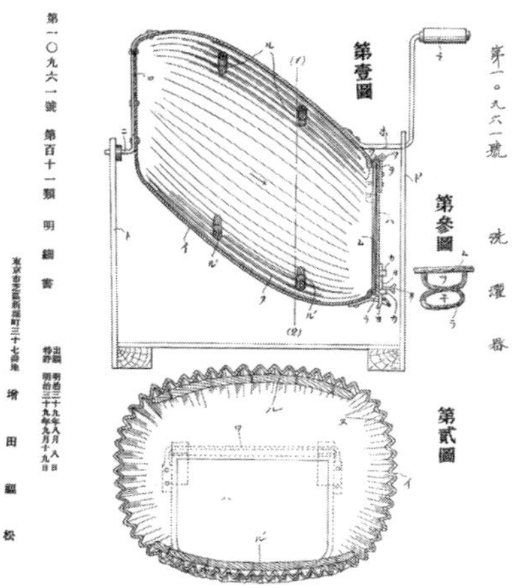

　同年 9 月 19 日，増田福松が発明した名称「洗濯器」が登録された。洗濯槽の内面に多数の凹凸がある金属製の傾斜ドラム式で，ハンドルを回すと衣類が上まで移動して落下し洗濯する構造である。これは，現在のドラム式洗濯機に近い考案であった。（図 1.12）

　大正末から昭和初期にかけて手動式洗濯機が登場し，ようや

図 1.12　増田福松の発明

1.2 手動式洗濯機の発明

図 1.13　久能木式洗濯器　　図 1.14　へるくれす洗濯器

く洗濯にも合理化の目が向けられるようになった。1925（大正15）年の雑誌「婦女界」に，当時の最先端手動式洗濯器の構造図と解説がある[10]。

図 1.13 は，木製の久能木式洗濯器で「たらいの内側にも，底にも，中央の突起にも，悉く（ことごとく）波型の凹凸が付いていて，たらいの内部が全部洗濯板の作用をする。…」とある（25円）。**図 1.14** は，外箱とふたは鋳物製のへるくれす洗濯器で「中の胴に洗濯物を入れ，石けん水（粉末石けんを水に溶いたもの）を入れてふたをし，ハンドルを左右に回転すると，中の胴の撹拌板の作用で激しく洗濯物を動かし，たちまちきれいになります。」という（28円）。これらは，先に紹介した欧米の洗濯機構造に酷似している。手動式洗濯機も，海外商品を参考にして製作したようだ[10]。このころ，すでに電気スタンドが6円50銭，電気アイロンが8円で売られていた。

● 洗濯に要する時間[11]

昭和のはじめ，羽仁もと子は，自身が設立した友の会のメンバーと「洗濯に要する時間」について実験をした（**表 1.1**）。羽仁もと子著作集第9巻「家事家計篇」（婦人之友）に詳しく記述されている。

「洗たくはまたわれわれの家庭のひとつの大仕事でございます。早い人もあり遅い人もあり，上手の人もへたな人もあります。…遅い人は早くなる工夫を，へたな人は上手になる工夫を，ほとんどしなかったので

第 1 章　電気洗濯機の誕生

表 1.1　洗濯に要する時間（友の会調べ）

品　名	洗う時間	ゆすぐ時間
白地浴衣	9 分	15 分
ワイシャツ（白キャラコ）	6 分	
敷布（普通大）	10 分	6 分
縮みシャツ上下	2 分ずつ	
半袖肌襦袢	3 分	7 分
白キャラコシャツ（汚れている）	5 分	
白ズボン	5 分	14 分
霜降小倉服上下	7 分ずつ	
合　計	56 分	42 分

す。われわれの家事は実に抜け目だらけです。私自身もそのひとりでございます。…」（原文のまま）

　実験結果は次のとおりである。

　洗いに 56 分，ゆすぎに 42 分，絞って干して，道具の後片付けまで 30 分かかる。したがって，1 回の洗たくはおよそ 2 時間程度となる。1 年で 730 時間である。1 日 12 時間働けたとして，年 60 日（2 か月）間は洗濯をしていることになる。ほんとうに重労働であった。

1.3　電気洗濯機の誕生 [12), 13)]

　19 世紀に入ったころ，樽にドリーなどの洗濯棒を取り付けてハンドル操作で動く手動式洗濯機が盛んに作られるようになった。そこへ産業革命が起こり，蒸気エンジン，ガソリンエンジン，続いて電動機（モータ）が現れた。主婦の強い味方である電気洗濯機の誕生以来，多くの企業が洗濯機市場に参入した。

● 電気洗濯機を発明したのは誰か

　19 世紀末期には，スチームエンジンやガソリンエンジンが使われるようになり，省力化に貢献しはじめた。同時期に，洗濯槽は木製から金属製に代わり，続いて電気モータが登場した。

1910年，アルバ・J・フィッシャー（Alva J. Fisher）は，電気洗濯機の特許を取得した（USP 966677，1910・8・9）（出願日は1909年5月27日）。この洗濯機は，後に世界初といわれるようになる。それでは電気洗濯機を発明したのはフィッシャーなのだろうか。じつは，フィッシャーより早く特許出願した発明家がいたのである。

1906年4月12日，T・J・ワイナンス（Winans）は洗濯機の新しい構造（方式）に重点を置いたアイデアを特許出願し（USP 841606，1907・1・15），翌年（1907）ナインティーンハンドレッド・ウォッシャー・カンパニー（1900Co.）から電気洗濯機を発売した。しかし，この特許公報には，プーリ（動力を伝える部品）まで描かれているのにモータは描かれていなかった。

さらに1908年3月13日，オリバー・B・ウッドロウ（Oliver B. Woodrow）は，モータが描かれた電気洗濯機を特許出願した（USP 921195，1909・5・11）。しかし，請求範囲の説明は「モータあるいはその他の動力源を備えた・・・洗濯機」ということで，「電気」動力に限定していなかった。後に，「誰が電気洗濯機を発明したか？」と特許公報を調べた人たちは，「電気」動力のフィッシャーの特許公報の印象が強く，それが一人歩きしたということである。この時代は，ガソリンエンジンの外付け動力が先にあり，追っかけてモータが外付けされた。

その後，電気式小型モータを木製洗濯槽の下部に取り付けたものが売り出されたが，当時はそれほど新規な発明とは考えられていなかった。

● ソアー（Thor）洗濯機

アルバ・J・フィッシャー（Alva J. Fisher）により発明された電気洗濯機は，ハレー・マシン社（Hurley Machine Co.）により，ソアー（Thor）ブランドで販売された。製造は，ハレー・マシン社の製造会社ソアーカナディアン・カンパニー（Thor Canadian company）である。ここではソアーブランドの由来やハレー・マシン社の歩みを紹介する。

1893年，独立圧搾器具会社（The Independent Pneumatic Tool Company：IPTC）が設立された。IPTCは，アメリカで始まった鉄道事

業の波に乗り，圧搾ハンマーやボルト締めドリルの生産・販売で成功した。このときすでに，ハンマーやドリルに「Thor」というマークを付けていた。「Thor」の意味は，雷神の神話に出てくる神様である。同社は，その後進出したすべての商品に「Thor」マークを付けた。

1905年，ハレー・マシン社はネイル・C・ハレーにより設立された。ネイルは，ハレー・マシン社の事業経営を兄のエドワード・N・ハレーと，ステファン・H・チャップマンに任せた。

そして1908年，ハレー・マシン社からフィッシャーの円筒型電気洗濯機ソアーが販売された。これは「たたき洗い」を電化したもので，円筒槽の回転により汚れを落とした。アメリカの主婦たちは，洗濯の重労働からの解放を願い，このソアー円筒型洗濯機を買い求めた。同社の勢いは止まることなく，「洗濯機といえばソアー」と言われ，アメリカでは円筒型電気洗濯機の時代が続いた。

ハレー・マシン社の絶頂期の1922（大正11）年，三井物産がソアー円筒型電気洗濯機を輸入・販売した[14]。そのころ日本ではたらいと洗濯板で洗濯を行っており，人々は輸入されたこの装置に驚いたことだろう。（**図1.15，1.16**）

1927年（昭和2）年ころ，ソアー円筒型電気洗濯機の輸入は三井物産から東京電気（株）に受け継がれた[15]。このとき，洗濯機と同時に

図1.15　ハレー・マシン社
ソアー円筒型電気洗濯機
（初期型1921）

図1.16　ハレー・マシン社
ソアー円筒型電気洗濯機
（新型1922〜27）

ソアー自動電気アイロン器も輸入されている。自動マングル（しわ伸ばし機）にヒータを仕込んだもので，電気洗濯機が525円に対し，自動電気アイロン器は520円と高価であった。

　アメリカで生まれた電気洗濯機が日本はもとより世界中に広がりはじめた。電気洗濯機の出現により，主婦は洗濯しながらほかの家事をこなせるようになった。また洗濯は，家族の誰でもできる簡単な作業となった。洗濯機は，主婦の生活を根本から変えたいわば「女性解放の道具」であった。

● メイタグ撹拌翼の出現

　1893年，フレデリック・L・メイタグ（Frederick L. Maytag）は農機具の会社を設立し，事業に成功した。1907年，メイタグ社は農閑期である冬場の仕事として，木製の手動式洗濯機の製造を始め，1911年には電気洗濯機の製造に乗り出した。メイタグ社の洗濯機は，ふたの下にドリーと呼ばれる撹拌翼（複数の短い棒）を取り付けていた。

　1919年，当時天才と呼ばれたメイタグ社の技術者ハワード・シニダー（Howard Snyder）はアルミニウム鋳物による一体の洗濯槽を開発し，木製槽のような水漏れがなくなった。

　1922年，シニダーが角型洗濯槽の底に大きな4枚羽根を取り付けた撹拌式洗濯機を発明した。これをメイタグでは旋回翼（ジラテータ：Gyratator）（注：Gyratorの記述もある）と呼んでいる。「Gyratator」という言葉は辞書になく，「Gyrate（旋回）＋ Agitator（撹拌翼）」の造語と考えられる。撹拌翼が洗濯槽の底にあることから，ロータイプ・ジラテータ（Low-Type Gyratator）と名づけた。

　アルミニウム一体槽が好評で，メイタグ社の洗濯機は順調に売れ，1922年度の販売高は前年の約3.6倍となった。

　しかし，しばらく使っているうちに旋回翼の軸受けから水漏れする事故が発生した。調べると，軸受け周りに土砂がたまり，異物の侵入を防ぐシール部の磨耗により水漏れすることが判明した。

　そこで1925年，シニダーはただちに新構造を考え出した。洗濯槽の

第 1 章　電気洗濯機の誕生

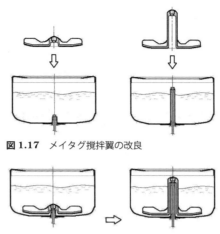

図 1.17　メイタグ撹拌翼の改良

図 1.18　撹拌翼の構造（概略図）

底から水面上までの長いパイプを取り付けて，軸受けとシール部を水面上に出し，この長いパイプの上に同じように細長い旋回翼を被せた（**図 1.17**）。シール部は，水面より上にあるので水漏れ事故はなくなった。この背の高い撹拌翼を，ハイセンター・ジラテータ（High-Center Gyratator）と名づけた（**図 1.18**）。

さらに改良は続く。1927 年，シニダーは洗濯機の平ベルトを V ベルトに変えスリップをなくした。また，自社製モータをやめて，性能がよく生産体制がしっかりしたゼネラルエレクトリック（General Electric：GE）社の GE モータに変更した。メイタグ社は，1918 年から一部の機種（モデル 50，57）で GE モータを採用していたが，このときから全面的に採用するようになったのである。

メイタグは業界初のラジオ CM ソング "My Maytag Gyrafoam" を流すなど，新戦略を打ち出した。「Gyrafoam」は「泡立ちのよい撹拌翼」といった意味であろう。GE 社の新型モータ採用以降，外部向けには，撹拌翼を「Gyrafoam」で統一した。

メイタグ洗濯機の売れ行きは引き続き好調で，1927 年時点での累計

生産はついに 100 万台を超えた。メイタグ社のニュートン工場からは，毎日大量の洗濯機が列車で出荷されていった。1922 年〜1927 年度にかけて，メイタグ洗濯機の売上高は年平均 2 倍に伸び，メイタグ社のシェアは 20 % を超えた。1925 年ころまでに，アメリカのほとんどの洗濯機が撹拌式に変わってしまった。

ハレー・マシン社が撹拌式洗濯機に参入したのは 1927（昭和 2）年で，ほかの多くの企業に遅れた。見た目はメイタグ社と異なるように，外観デザインに力を入れ，洗濯槽をスマートな丸型にした（**図 1.19**）。また，撹拌翼の羽根を，4 枚から 3 枚に変え，GE モータを採用した。

図 1.19 ハレー・マシン社 ソアー撹拌式洗濯機 (1927)

1928（昭和 3）年，ハレー・マシン社が駆け込みで参入したソアー（Thor）ブランドの撹拌式洗濯機を，東京電気（株）が輸入し，芝浦製作所が技術導入した。

東京電気（株）は販売に力を入れ，「マツダ新報」1929（昭和 4）年 1 月号に，撹拌式ソアー第二号型電気洗濯機として広告を出した。「…ソアー第二号型は，ハレー会社の最新型で，洗濯速度が早く，安全で，注油の必要がない」と PR している。販売価格は 370 円であった。続いて同誌 1929（昭和 4）年 7 月号，1930（昭和 5）年 8 月号にも同様の広告を掲載した。

● **GE 社が洗濯機に参入**

19 世紀の終わり，かの有名なエジソン（Edison）は多くの事業を成功させ，新しい企業を次々と設立した。1892 年，Edison General Electric（GE）社は，トムソン・ヒューストン社（Thomson-Houston Electric Company）と合併し，GE 社となった。エジソンの個人会社から，普通の株式会社に変わったと考えられる。記録には「1900 年にアメリ

第1章 電気洗濯機の誕生

カ初のGE中央研究所がスタートした」とある。1902年に電気扇風機，1905年に電気トースター，1910年に電気レンジと次々と家電商品を発売した（このころ，ホットポイント（Hotpoint）という調理機器の専門会社も設立した）。1927年にモニタートップ型電気冷蔵庫を発売，そして，1930年に撹拌式電気洗濯機に参入した。このころ，アメリカの洗濯機普及率はすでに41％に達していたので，ずいぶん遅い参入であった。

GE社は，メイタグ社やハレー・マシン社など洗濯機メーカーにモータを供給するなかで，洗濯機市場の販売実態が手に取るように見えたと想像できる。そこで，GE社は社内の技術者ノーブル・H・ワッツ（Noble H. Watts）にひそかに洗濯機の研究をさせたのではないだろうか。その成果が，特許申請（アメリカ申請1930.12.1）された新しい撹拌翼であった。後に芝浦製作所にライセンスが譲渡された（**図1.20**）。3社の撹拌翼形状を比較すると，次のようになる。（**図1.21**）

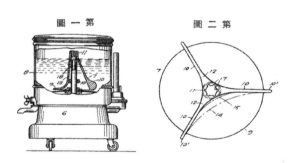

図1.20 「洗濯機」芝浦製作所 特許公報（部分）
（出願 1931.7.10 No.99044）

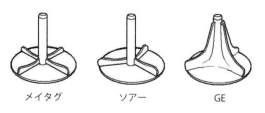

図1.21 3社の撹拌翼比較（概略図）

《参考文献》
1) 藤井徹也『洗う―その文化と石けん・洗剤』幸書房，pp.20-30，1995.1.25
2) 花王生活科学研究所『洗たくの科学』裳華房，pp.3-5，1989.7.15
3) 「『洗濯』にっぽん家事録」『CONFORT 5月増刊』建築資料研究社，pp.64-73，2005.5.21
4) ジョン・セイモア著・小泉和子監訳『図説 イギリスの生活誌―道具とくらし』原書房，pp.90-95，1990.2.28
   原著：John Seymour "Forgotten Household Crafts" A Dorling Kindersley Book, 1987
5) Pamela Sambrook "Laundry Bygones" A Shire Book, pp.3-12, 2004.1.5
6) Christina Hardyment "From mangle to microwave the mechanization of household work" Polity Press, pp.55-691, 1988
7) Cecil A Meadows "The Victorian Ironmonger" Shire Library, p.20, 1978
8) S・ギーディオン著・榮久庵祥二訳『機械化の文化史―ものいわぬものの歴史』鹿島出版会，pp.536-545，1977
   原著：Siegfried Giedion "Mechanization takes Command, a contribution to anonymous history" Oxford University Press,1948
9) 大西正幸「洗濯機ものがたり 第2回 手動洗濯機ものがたり」『住まいと電化』日本工業出版，pp.51-52，2009.2.1
10) 「優良家具器具市場展覧会」婦女界，pp.111-113，1925.7
11) 羽仁もと子『羽仁もと子著作集 第九巻 家事家計編』婦人之友社，pp.169-173，1927.10
12) Pauline Webb and Mark Suggitt "General Electric", "Maytag Corporation", "Washing Machines" Gadget and Necessities ABC-CLIO, pp.125, 185, 306-310, 2000
13) 大西正幸「国産第1号電気洗濯機（Solar）に影響を及ぼしたアメリカ企業の歴史と技術」『日本の技術革新論文集』（独）国立科学博物館，pp.55-62，2009.12
14) 「便利な電気機械器具」『マツダ新報』東京電気（株），pp.34-35，1927.6

第 1 章　電気洗濯機の誕生

15）関重廣「家庭電気講座（二）」『マツダ新報』東京電気（株），pp.20-25，
　　1928.6

第 2 章　国産初電気洗濯機の誕生と戦後揺籃期

2.1　国産初電気洗濯機ソーラー

　1922（大正 11）年，三井物産がアメリカから電気洗濯機の輸入をはじめた。当初は，当時アメリカでもっとも売られていた自動ローラ絞り機付きの円筒型電気洗濯機が輸入された。前章で述べたように，1925 年にメイタグ社が水漏れ対策で中心部が水面上に飛び出た撹拌式洗濯機を開発し，各社も類似の洗濯機を販売するようになった。

● ソーラー A 型洗濯機の誕生 [1]

　1927（昭和 2）年，電気洗濯機を含む電気製品の輸入が，三井物産から東京電気（株）に受け継がれた。白熱電球の製造販売が主たる業務であった東京電気（株）は，同年，芝浦製作所製の家電商品やソケット接続具などの販売を手掛けることになった。家電商品の販売は，まだ輸入品が主で，国産品は後に合併することとなる芝浦製作所製の電気扇風機，電気暖房器，電気厨房機などであった。

　1928（昭和 3）年，東京電気（株）は GE 社製の電気冷蔵機，真空掃除機，自動電気アイロン器など，さまざまな商品調達をはじめているが，この時期，GE 社はまだ電気洗濯機を製造していなかった。三井物産から引き継いだ電気洗濯機の仕入れ先は，ハレー・マシン社で，ブランドは「ソアー」（Thor）である [2]。

　1927（昭和 2）年，ハレー・マシン社がメイタグ社の商品に類似した撹拌翼（アジテータ）付き洗濯機を開発すると，翌年には日本に輸入され「撹拌式洗濯機」と呼ばれるようになった。（**図 2.1，2.2**）

　1930（昭和 5）年，芝浦製作所（現 東芝）は，このハレー・マシン社のソアー撹拌式洗濯機を参考に，国産初の電気洗濯機の開発に着手し

第 2 章　国産初電気洗濯機の誕生と戦後揺籃期

図 2.1　ハレー・マシン社 ソアー撹拌式洗濯機

図 2.2　Thor マーク

た。『東芝百年史』[3)] には「昭和 5 年に至り，このソール社の技術を導入して初めて国産化し，"ソーラー"（Solar：太陽の意）の商標で販売をはじめた」とある（**図 2.3，2.4**）。

当時の日本人が "Thor" を「ソアー」「ソール」，あるいは「トール」と発音したようであるが，実際の発音は「ソアー」に近い。文献に出てくる円筒型洗濯機の「トール社」と，撹拌式洗濯機の「ソアー社」は，同一会社を指している。本書では，"Thor" の発音は「ソアー」に統一する。

これまで主に輸入されていた円筒型洗濯機は相当大きく，輸入された

図 2.3　芝浦製作所（現 東芝）国産 1 号洗濯機

図 2.4　Solar マーク

ばかりの撹拌式洗濯機のほうが縦型でコンパクト，しかも形状のわりに洗濯容量が多く，よく洗えた。また円筒型洗濯機は，洗濯量の多少にかかわらず一定の水量が必要であったが，撹拌式洗濯機は洗濯物の量に応じて水量を変えられた。さらに撹拌式洗濯機は，洗濯の途中で洗濯物を追加ができ，また手洗いもできるので都合がよい。このような理由から，芝浦製作所は，日本の生活様式や日本家屋に合う洗濯機は撹拌式洗濯機だと考えたのであろう。

芝浦製作所は，撹拌式洗濯機に類似発音と考えた "Solar"（ソーラー）というブランドネームを採用した。ブランドマークのデザインが "Thor" とよく似ている（**図 2.2, 2.4**）。写真を見比べてみると，ソアーとソーラー撹拌式洗濯機は瓜二つである。

このように，ソーラー A 型は，ハレー・マシン社のソアー撹拌式洗濯機を参考としたが，洗濯のもっとも基本性能にかかわる撹拌翼は，GE 社が開発した新型にしたのである（**図 2.5**）。各社に洗濯機のモータを供給していた GE 社は，洗濯機に先がけ撹拌翼を開発していて，米国内で特許出願した。これを芝浦製作所に売り込んだとみられる。当時，GE 社は東京電気（株）と芝浦製作所の共通の大株主であり，このようなことが実現したのである。

洗濯容量は約 2.7 kg で，価格は 370 円と高く，銀行員の初任給が約 70 円であった当時，一般の家庭は到底購入できなかった。なお，洗剤液は固形石けんを湯で溶かして液を作るか，粉石けんを撹拌して泡立てる準備が必要であった。

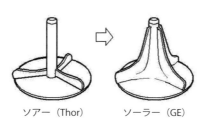

ソアー（Thor）　　ソーラー（GE）

図 2.5　撹拌翼の違い

第2章　国産初電気洗濯機の誕生と戦後揺籃期

わが国における撹拌式洗濯機は，その後噴流式洗濯機や渦巻式洗濯機が盛んになる1968（昭和43）年ごろまで約38年間生産された。撹拌式洗濯機は，洗濯機のJIS規格の基準になっており，洗濯性能比較のための「標準洗濯機」として現在（2011年）も参考とされている。

● PR誌による販売促進

そもそも，洗濯機による洗濯とはなにか？ 東京電気（株）は，1932（昭和7）年7月と1933（昭和8）年8月に，世の中に出て間もない電気仕掛けの洗濯機（芝浦製作所製）を普及させるため，現在でいう販売促進資料『電氣洗濯機に依る家庭新洗濯法』[4]というPR誌を配布した（**図2.6**）。

1932年版は，厚手の表紙で製本（上製本）されいて約60ページもあり，とても無料配布されたとは思えない体裁である。1933年版は，ほぼ同じ内容であるが，柔らかい紙の表紙で製本（並製本）されていて配布用に作られてある。その主な内容は次のとおりである。

図 2.6　ソーラー洗濯機販促資料（表紙）

1. 洗濯器具の改良
   - 洗濯は炊事，掃除と並んで家事の重要な仕事であるが，昔ながらのしゃがみ洗濯で進歩していない。
   - たらい式洗濯は非科学的で，非衛生でまた非経済的である。
   - 欧米では，年々百数十万台の電気洗濯機が使用されている。
   - 湿気の多い地面にしゃがんでいると脚気病によくない。冷え性によくない。胃腸を圧迫するから，消化不良を起こしやすく，痔疾の遠因になる。
   - 電気洗濯機は，スイッチ一つで，ほんの片手間で洗濯ができ，絞る

のも自動で何の労力も要らない。
　・「一家に一台の洗濯機」を備えることが主婦の責務である。
2. 電気洗濯機による洗濯法
　・粉末石けんの有効使用法，湯による洗濯，ゆすぎの効用，洗濯量と洗濯時間などの解説。
3. 電気洗濯機の運転方法
　・構造と使用方法「洗濯槽内には，撹拌器がありまして，あたかも船の舵のような金属板三枚を備えた頑丈な金属皿であります。これは撹拌軸によりまして1分間に約50回，また回転角度は約180°すなわち半回転の往復回転運動をいたします。洗濯物はこの撹拌器の回転運動によりまして，あたかも滝壺の水が激動するように洗濯液に揉まれますから，非常に迅速に且つ品質は少しも損なわれず洗濯ができるのであります。」その他，電動絞り機の説明，洗濯物の量と電気代について，さらに「ホワイトシャツ（ワイシャツのこと）」の仕上げ方，「エプロン割烹衣」「白セルズボン」などの洗い方を紹介している。
4. 洗濯の予備知識
　・洗濯の準備，洗濯の順序，石けん（棒石けん，粉石けん），漂白剤，糊などの使い方。
5. 各種洗濯法
　・毛織物洗濯の注意，毛糸セーターの洗い方，ワイシャツの洗い方，絹製品の洗い方ほか。

　1936（昭和11）年4月，芝浦製作所と東京電気（株）は共同出資で家電製品専門の会社「大井電気（株）」をつくり，家電製品の本格量産を目指した。1937（昭和12）年2月，大井電気（株）は社名を芝浦マツダ工業（株）に変更した。芝浦マツダ工業（株）の経営陣は，積極的な開発と思い切った広告展開をはじめた。たらいと洗濯板を使って洗濯をしていた多くの主婦に，洗濯機の良さを熱心に説き，「将来，『洗濯機』という便利な機械が使える時代がくる」ことを知らしめたのである。

第2章　国産初電気洗濯機の誕生と戦後揺籃期

● ソーラー洗濯機の取扱説明書と広告[5), 6)]
　1934（昭和9）年のソーラー洗濯機の取扱説明書に記載された特徴と仕様を紹介する。

（1）特徴
　　1. 完全なお洗濯「手で洗いますと洗い落しがあって仕上がりが悪く，洗い直すようなことがありますが，ソーラー洗濯機ですと，絶対に洗い落しがありません。
　　　浴衣のいわゆるタモトクソ（袂糞）なども見事に洗い落してさえたお洗濯ができます。」
　　1. 速く「一日がかりで洗濯したものもわずか30分か1時間足らずで，しかもほかの仕事の片手間で仕上がります。」
　　1. 一銭の節約か一円の節約か「百聞は一見にしかずと申しますが，まずご試用下いませ。よく人手が多いから洗濯機の必要がないと言われますが，人手で洗濯すれば石けんや水を乱費して不経済であるばかりか…（略）….これが洗濯機ですとスイッチひとつで浴衣6枚がわずかに20分程で洗濯，水洗から絞り上げて乾かすことができます。これに要します電気料はわずかに八厘であります。一銭をご節約なさるのは結構でありますが，洗濯機は一円を節約することができます。その是非はまずご試用のうえその真価をお確かめ願います。」
（2）仕様
　　撹拌器：アルミニウム製
　　洗濯槽：アルミニウムとシリコンの合金シルミン製
　　床面積：縦2尺 横2尺
　　洗濯量：1回の洗濯容量は6ポンド（720匁）
　　モータ：芝浦製　4分の1馬力
　　絞　器：周囲の枠は鋼製でカドニウムとニッケルの二重鍍金
　　重　量：正味重量67.5kg（約18貫匁），
　　　　　　荷造り重量100kg（約26貫600匁）

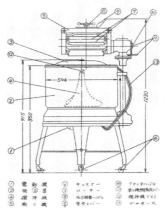

図 2.7 アサヒグラフ 1936.10.21　　**図 2.8** ソーラー洗濯機構造図（取扱説明書）

　洗濯機の説明文から，昭和初期の生活が垣間見える．取扱説明書でありながら，これから購入する人への宣伝（PR）文となっている．特徴は，① よく洗える，② 洗濯しながらほかの用事をこなせる，③ 経済的である．
　1935（昭和10）年に小型のB型，C型を発売したあと，1938（昭和13）年のD型，E型（絞り機なし），戦後のK型（絞り機なし），F型に至るまで積極的に開発を行った．それらは，新聞や雑誌に大々的に広告展開した．アサヒグラフ（月2回発行）[7]では，1936（昭和11）年9月から，1938（昭和13）年7月にかけて毎号のように（少なくも22回）広告を出していた（**図 2.7**）．
　図 2.8 は，ソーラーD型の取扱説明書に記載された構造図である．第二次世界大戦に突入後のためか，ザラ紙にガリ版印刷（鉄筆で手書き）だった．ソーラーD型は，1939（昭和14）年7月の芝浦製作所と東京電気（株）の合併後も扱っていた製品（製造開始は合併以前）で，取扱説明書の発行は「東京芝浦電気株式会社商品部」となっている．

第2章　国産初電気洗濯機の誕生と戦後揺籃期

2.2　戦後復興期の家電

　1942（昭和17）年，国家挙げての臨戦態勢のため電気洗濯機など家電製品の製造は中止に追い込まれ，戦時に必要な物資の生産に協力させられた。戦後，家電製品の製造が再開されたが，工場や生産設備は戦火により破壊されており，原材料（資材）も不足していた。さらに，食料難，住宅難で人々の働く意欲も減退していた。家電メーカーは何から手をつけてよいかわからなかった。それでも家電メーカーは，何かをつくろうという意欲に燃えていた。

● **進駐軍家族向けの洗濯機**[8),9)]
　1945（昭和20）年12月，連合国軍総司令部（GHQ）は日本政府に対し，進駐軍家族の住宅約2万戸を建設するよう指令を出した。建設地は東京，横浜および北海道，九州などである。GHQは「日本の資材とアメリカの設計・施工技術によりアメリカ人の生活様式を満たす建物であること」という方針を打ち出した。
　独立住宅をはじめ幼稚園，小学校，礼拝堂，劇場，クラブ，診療所，管理事務所，駐在所などの公共施設を備え，道路，上下水道を完備したいわば大きな団地の建設である。期限は1947（昭和22）年3月であった。
　それに伴い，1946（昭和21）年3月には住宅に必要な家具・什器類約95万点の生産も要求された。それらの中に家電製品が含まれていた。しかも，日本では作られたことも使われたこともない家電製品が多かった。生産・納入された電気機器は，電気冷蔵庫，電気アイロン，電気掃除機，電気扇風機，電気洗濯機，電気レンジなど多種多様で，事前に図面や仕様書が用意された。このときに示された洗濯機の図面は，ソーラーA型と同じ撹拌式洗濯機であった。（**図2.9，2.10**）
　洗濯機の目標納入価格は12 300円で，1947（昭和22）年5月6日に東芝，国森製作所，神戸製鋼の3社が受注した。ほかの家電機器の調達は1948年末ごろまで続き，調達数量は各々約2万台に上ったが，洗濯機の調達だけは1948年7月に打ち切りとなり，調達数量は約5 000

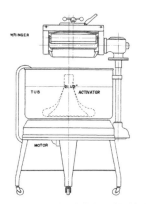 

図 2.9　進駐軍家族向け洗濯機（図面）　　図 2.10　進駐軍家族向け洗濯機

台と少なかった。洗濯機を調達するより，日本人のメイドを雇ったほうが安くつくことがわかったからだ。人間の力が機械を上回るとされてしまった。なお，1952（昭和 27）年に 100 台の追加発注があり，日立が落札した（角型撹拌式）。

　進駐軍向けの家電製品の生産・納入により本格量産が開始され，後の家電産業の飛躍的な技術の向上へとつながった。これにより復興のきっかけをつかんだのである。「日本の技術はアメリカに 20 年は遅れている」といわれるなか，家電メーカーは 1948（昭和 23）年ごろから家電製品の開発に取り組みはじめた。

● 物品税の撤廃
　一方，当時の日本は旧弊な制度を引きずっており，とくに戦時中は，家庭電気機器はぜいたく品と見なされ，製造が禁止されたり，高額な物品税の対象となったりしていた。
　物品税は，1938（昭和 13）年に 10 ％ではじまった。1944（昭和 19）年には 60 ％となり，戦後 1951（昭和 26）年でも 20 ％といった高い課税状況が続いていた。
　洗濯機メーカーは，企業努力で構造が簡単な洗濯機を開発したが，物

第2章　国産初電気洗濯機の誕生と戦後揺籃期

品税が課税されるため販売価格が下がらず，販売台数が伸び悩んでいた。そこで，日本電機工業会加入会社が中心となって物品税の撤廃運動を行ったのである（このときの日本電機工業会会長は石坂泰三）。

当時の国会議員は一般に電気洗濯機の有用性に理解がなく，ようやく衆議院議員川野芳満（宮崎県選出）の賛同を得て，1952（昭和27）年12月「電気洗濯機の物品税軽減請願書」を大蔵常任委員長 奥村又十郎に提出した。この際，川野芳満は，より物品税軽減の可能性を高めるため「撤廃が無理な場合は，10％に軽減」と請願書に追加したといわれている。

1953（昭和28）年6月1日，結果的に物品税の完全撤廃にはならなかったが，出力100W以下は課税対象から外されたため，家電メーカーは100W以下の商品開発をすることで，実質的に物品税を撤廃したのである。

● **戦後の洗濯機開発**[10]

戦後1946（昭和21）年，東芝がいち早く戦前に使用していた金型を使ってソーラー撹拌式電気洗濯機D型（2.5kg）を39 500円で発売した。続いて，1948（昭和23）年，K型（1.8kg，絞り機別売り）を54 000円で，1949（昭和24）年，F型を67 200円で発売したが，ほとんど売れなかった。

ちなみに当時の日本の洗濯機生産台数は，1946（昭和21）年162台，1947（昭和22）年1 854台，1948（昭和23）年265台，1949（昭和24）年364台といった具合であった（**表2.1**）。

1951（昭和26）年，東芝はFW型を53 000円，P型を28 000円で販売した。P型は，1953（昭和28）年の実質的な物品税撤廃後も21 000

表2.1　戦後洗濯機の生産台数

年　度	生産台数
1946（昭和21）年	162
1947（昭和22）年	1 854
1948（昭和23）年	265
1949（昭和24）年	364
1950（昭和25）年	2 328
1951（昭和26）年	3 388
1952（昭和27）年	15 117
1953（昭和28）年	104 679
1954（昭和29）年	265 552

（社）日本電機工業会

2.2 戦後復興期の家電

円に値を下げて販売を続けた（**図2.11**）。

　この時期，**表2.2**にあるように，日立，三菱，松下，富士電機などと

表2.2　各社洗濯機（1953年6月ごろ）

社　名	型　式		洗濯容量 (kg)	出力 (W)	重さ (kg)	価格（円）
東芝	FW	撹拌（絞り機）	2.5	200	65	53 000
	P	撹拌	1.5	100	18	28 000
三菱	MW4	撹拌	2	125	45	39 000
日立	TA2	撹拌（絞り機）	2	150	75	53 900
	KW4	回転（脱水機）	4	200	150	98 000
松下	102	撹拌（タイマ）	2	200	42.5	46 900
	202	撹拌	1.5	100	14	27 500
富士	W461	撹拌	1.5	120	48	46 000
菅原	M	撹拌	1.11	100	14.7	22 300
電研工業	DK-200	撹拌	1.33	100	25	19 900
丸二製作所	マルニ	撹拌	1.5	100	15	22 000
日本電装	C-44000	回転	2.6	200	46	32 500
日進	ロミー	回転	2.5	205	52	47 000
日進	自動	回転	—	65	32	24 800
八欧（ゼネラル）	GS-301	叩き洗い	1.6	100	8	—
特種電機工業	スーパー	振動	3	50	9.25	18 500
神鋼	—	振動	1.5	60	12	13 500

（社）日本電機工業会

図2.11　撹拌式洗濯機（東芝P型）

図2.12　回転式洗濯機（遠心脱水付き）（日立）

図2.13　撹拌式洗濯機（松下）

第 2 章　国産初電気洗濯機の誕生と戦後揺籃期

いった家電メーカーなどが，主として撹拌式洗濯機を販売していた（**図 2.12，2.13**）。

また，家電メーカー以外の企業がさまざまな方式で洗濯機市場に参入した。中には，現在では見られない電磁振動方式やモータ振動方式などの洗濯機が安価で出回っていた（**図 2.14，2.15**）。

一方，1950（昭和 25）年ごろから，デパートなどでは GE，ウェスチングハウス，フリジデア，サービス，メイタグ，ワールプール，フーバーなどの輸入品が展示販売されていた。

1953（昭和 28）年には，洗濯機の生産台数が 104 679 台と急激に増える（**表 2.1**）。これには，上述した実質的な物品税撤廃による販売価格の低下と，次章で説明する「一槽式洗濯機」の登場が大きく関係している。

 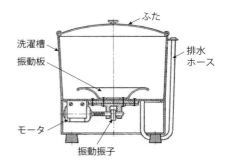

図 2.14　回転式洗濯機（日本電装）　　**図 2.15**　振動式洗濯機（神鋼）

《参考文献》
1) 『芝浦レヴュー』芝浦製作所，pp.197-201，1932.5
2) 『マツダ新報』東京電気株式会社，pp.34-35，1927.6
3) 『東芝百年史』東京芝浦電気（株），pp.456，1977.3.31
4) 『電気洗濯機に依る家庭新洗濯法』東京電気（株），1932.8.15
5) 「芝浦電気洗濯機　D 型」取扱説明書，東芝，1939 ごろ

6) 壁谷勝平「1号機紹介〈洗濯機編〉」『家電技報』p42，1988.3
7) 「ソーラー電気洗濯機」『アサヒグラフ』朝日新聞社，1936.10.21
8) 小泉和子『占領軍住宅の記録（上）（下）』星雲社，（上）pp.14-19，（下）pp.96，1999.2.15
9) 『日本電機工業史　家庭用電気機器』（社）日本電機工業会，pp.10-12，21，1962.8
10) 『家庭電器知識普及シリーズ4　Washer』（社）家庭電気文化会，p.30，1953.6.20

第 3 章　一槽式洗濯機と遠心脱水機

　戦後の混乱期からようやく立ち上がろうとしていた 1952（昭和 27）年，シュリロ貿易がこれまで見たことのないスマートな洗濯機を輸入した。フーバー（Hoover）[1] ブランドの洗濯機（イギリス製）である。洗濯槽の側面に羽根（パルセータ）が取り付けられており「噴流式」と名づけられた。

　わが国の洗濯機メーカーは，これこそ日本にふさわしい洗濯機だと，いっせいに噴流式洗濯機の開発に乗り出した。

3.1　フーバー洗濯機の衝撃 [1), 2), 3)]

　フーバーは，アメリカの掃除機のトップメーカーであったが，1919 年イギリスに進出し，販売拠点となる事務所を開設した。1920 年代当初，イギリスで送電されている家庭は全世帯の約 10％ であったが，1930 年ごろにはほとんどの家庭に電気が行きわたり，家電製品が求められるようになった。1945 年，フーバーはイギリス向けに安価な洗濯機の開発をはじめた。

---

[1] フーバー：1827 年，ヘンリー・フーバー（Henry Hoover）がアメリカのオハイオ州，カントン（Canton）に製革所を開いたのがはじまりである。80 年後の 1908 年，ウイリアム・H・フーバー（William Henry Hoover）と彼の息子は，マレー・スパングラー（Murray Spangler）が発明した電気掃除機の権利（特許）を買い取り，スパングラーを事業パートナーに雇って電気掃除器（Sweeper）の生産をはじめた。1910 年に 12 月 6 日，The Suction Sweeper Co. として創業した。
その後，新聞広告を上手に使い，全国にディーラーネットワークを広げ，セールスレップの育成に注力した。ショールームを全国展開し，アメリカ中に 5 000 店のディーラーチェーンをつくり上げトップメーカーとなった。ディーラー（dealer）：販売業者。メーカーの特約小売業者。セールスレップ（sales rep; sales representative）：販売代理人。メーカーと営業代行の契約を結ぶ，主に個人事業の営業マンをさす。販路を新規に開拓してメーカーと取り次ぎ，販売実績に基づいた手数料を受け取る。欧米で一般的な販売システム。

第 3 章　一槽式洗濯機と遠心脱水機

図 3.1　フーバー（0307 型）

表 3.1　フーバー洗濯機（0307 型）仕様

項　目	内　容
洗濯容量	3.5 lbs（約 1.6 kg）
洗濯方式	噴流式（一方回転）
絞り機	ハンドル式（収納可能）
ふた	絞った衣類の受け皿
外形寸法	W 400×D 430×H 790 mm
水量	7 ガロン（32 L）
モータ	1/10（馬力）
消費電力量	300 W
製品重量	16 kg
価格	£ 31.5 s

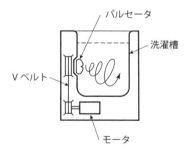

図 3.2　噴流式構造原理図

1948 年 10 月 19 日，イギリスの南ウエールズのペントレバッハ（Pentrebech, Merthyr Tydfil）に広大な工場を建て，洗濯機の生産をはじめた。その洗濯機は，イギリスの家庭にふさわしいコンパクトな一槽式洗濯機（0307 型）であった（**図 3.1**，**表 3.1**）。開発したのは，アメリカ（アイオワ州）フーバー社の技術者ギブソン（G.Gibson）。洗濯槽の横に羽根（パルセータ）が取り付けてあり，噴流の渦により衣服の汚れを落とす（**図 3.2**）。新しい洗濯理論による小型で高性能な洗濯機が誕生した。上部に手動のハンドル式絞り機がついており，衣類を絞ることができる。洗濯槽のふたを裏返して，絞り機の外に取り付けると「絞った衣類の受け皿」になった。価格は 31.5 ポンド，これはサラリーマンの約 1 か月分の給料と同じであった。

　この噴流式洗濯機は，イギリスで大評判となり，売れ行き好調，増産につぐ増産となった。

3.2 わが国の一槽式洗濯機[4]

● 噴流式洗濯機から出発

輸入商社のシュリロ貿易は東芝の勧めで欧州系の洗濯機を輸入していた。フーバー洗濯機が日本に輸入されたのは1952（昭和27）年のことで，この洗濯機の洗濯方式は「噴流式」と命名された。フーバー洗濯機（0307型）の販売価格は約39 500円で，輸入品にしては比較的安かった。

フーバー洗濯機は，小型で軽量，安価に製造できる構造となっており，洗濯時間も約5分と短い。日本の家電メーカーは，「これこそ日本にふさわしい洗濯機である」と，噴流式洗濯機の開発に乗り出した。

1953（昭和28）年8月，三洋が最初に噴流式洗濯機を発売し，多くの企業が参入した。ちょうどその年の6月，「出力100 W以下の洗濯機」は物品税の課税対象から外されて，価格を3万円以下にできた。（**表3.2，図3.3～3.5**）

フーバー洗濯機は，わが国の洗濯機設計・製造に変化をもたらした。東芝V型洗濯機の取扱説明書[6]には，「新たに世に送るこの東芝電気洗濯機噴流式は，英国フーバー型の長所を取り短所を改

図3.3 三洋 噴流式洗濯機
（SW-53R）

図3.4 松下 噴流式洗濯機
（MW-303）

図3.5 東芝 噴流式洗濯機
（V）

第3章 一槽式洗濯機と遠心脱水機

表3.2 初期噴流式洗濯機の事例（1953～55）

社 名	年度	型 式 （記入以外は噴流）		幅×奥行×高	容量 (kg)	絞り機	重量 (kg)	価格（円）
三洋電機	1953	SW-53R		430×410×787	1.5	○	24	26 500
	1954	SW-55		420×409×783	1.5	○	24	28 000
	1955	SW-57		402×332×815	1.5	○	24.5	22 800
松下電器	1954	MW-301			1.5	×		23 800
		MW-302			1.5	×		25 500
		MW-303			1.5	○		28 900
		MW-304		435×417×790	1.5	○	24	26 800
富士電機	1954	W-361	二重噴流		1.5	×		24 800
		W-362	二重噴流	450×428×770	1.5	○	35	29 800
東芝	1954	V		398×422×770	1.5	○	25	28 000
	1955	VB-3		395×329×845	1.7	○	27	29 500
	1955	VI-3		420×390×818	1.7	○	26	23 500
三菱電機	1955	PW-101		388×397×774	1.5	×	25	18 500
	1955	PW-103		388×397×774	1.5	×	25	19 800
	1955	PW-104		388×397×875	1.5	○	27	23 300
八欧電機	1954	GS-702	（渦巻）		1.5	○		27 600
	1954	GS-703	（渦巻）	440×440×820	1.5	○	35	29 800
	1955	EW-801		440×370×850	1.2	○	26	27 500
日立	1955	SH-PT1	（二重渦巻）	400×400×740	1.5	○	27	27 900
日本電装		EN		434×395×750	1.5	○	27	26 000
オリジン電気		C-1			2.0	○		23 000
		C-2		440×430×800	1.5	○	31	25 000
新立川航空		EW-2		440×430×800	1.5	○	31	―

(社) 日本電機工業会

め，これを日本最大最新鋭電気洗濯機工場に於いて入念に製作いたしました」(**図3.6**) とある。

　それまでの洗濯機といえば撹拌式であり，その構造は丸い洗濯槽に4本の足を設け，槽の下部にモータ，ギヤーボックスなどを取り付けた。槽の横には縦長の柱があり，その上に自動ローラ絞り機が取り付けられていた。つまり，洗濯槽にその他の部品を取り付ける構造である。しかし，

3.2 わが国の一槽式洗濯機

図 3.6 東芝電気洗濯機
（V 型）取扱説明書

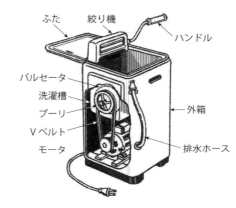

図 3.7 噴流式洗濯機の構造

フーバー洗濯機は，外箱（板）に洗濯槽をはじめモータやギヤーボックスなどを収める構造である。外からはなにも見えない。一言でいえば「スマート」であった。

噴流式では，羽根（パルセータ）は洗濯槽の横（壁面）ほぼ中央に位置する。洗濯槽の底中央には排水口があり，外箱の下部の孔から伸びるホースで排水できる。排水ホースは普段は外箱の上端に引っ掛けておく。（**図 3.7**）ふたは，絞り機の外側に取り付け，絞り出た衣類を受けることができた。絞り機のハンドルは，「カップリング」という長めのリングをはめると固定されて操作ができ，それを手前に外すと折りたたむことができる。絞り機を使わないときは，上下ひっくり返して洗濯槽の内部に収納し，上からふたができる。このような構造は，最初に発売した三洋以下ほとんどが同じだった。

噴流式洗濯機は 1960（昭和 35）年ごろまで多くの機種が発売されたが，やがていくつかの欠点があることがわかってきた。洗濯物の量の多少にかかわらず，相当量（水位線まで）の水が必要なので非効率，洗浄力は優れているが，パルセータ（羽根）が一方向回転のため，衣類がよじれて傷みやすいなど。

第3章　一槽式洗濯機と遠心脱水機

● 渦巻式洗濯機の登場[5]

噴流式洗濯機のこれらの欠点を解決したのが，洗濯槽の底部に羽根を取り付けた「渦巻式」洗濯機であった（**図 3.8**）。当初は「渦巻式」という名称がなく，この方式の洗濯機も「噴流式」と呼ばれた。

噴流式から渦巻式への移行は，一般には日本企業が成し遂げたと思われている。しかし，洗濯槽の底にパルセータ（羽根）がある洗濯機は，欧米でも作られていた。

アメリカのアジテータ（撹拌式）洗濯機も，もとは洗濯槽の底に4枚羽根があったが，水漏れ対策で羽根の中央部を水面上に出したもので，洗濯物が少ないと水位を低く設定できた。

（社）日本電機工業会の「日本電機工業史　追加資料」（1962・8）によれば，フーバー洗濯機が輸入されたその2年後に，イギリスのサービス社（Servis Limited）の洗濯機が輸入された（**図 3.9**）。サービス洗濯機は，パルセータが洗濯槽の傾斜した底部に取り付けられており，カタログでは TURBULATOR と名づけられ，動作は "TURBO WASH-ACTION" と PR していた。なお，パルセータの下には，ヒータが小さく折り曲げて取り付けられていた（**図 3.10**）。イギリスの水は，石けんや洗剤が泡立ちにくい硬水のため，水を温めて石けんや洗剤が泡立ちやすい軟水へと変える必要がある。

銀座松坂屋は，サービス社の電気洗濯機（湯沸しヒータ付き SH 型

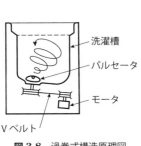

図3.8　渦巻式構造原理図

図3.9　サービス洗濯機

図3.10　サービス渦巻構造

46 900円とヒータなしS型42 900円)を売り出した。そのチラシには「強力なる性能を具備する噴流式洗濯機で…」「回転板（羽根）が下部にあるため，少量の洗濯もののときはそれに応じて，少量の水と少量の洗剤で済ますことができます…」とPRしている。上述のように「渦巻式」という名称がなかったため，「噴流式洗濯機」とある。

その後，1954（昭和29）年9月，八欧電機（ゼネラル）がパルセータを洗濯槽の底に斜めに取り付けた実質的にわが国初の渦巻式洗濯機（GS-702）を発売した（**図3.11**）。サービス洗濯機とデザインも構造も瓜二つで，洗濯物の量が少ないときは，水の量を少なくできた。翌年1955（昭和30）年1月，三洋がやはりサービス洗濯機とよく似たデザインと構造（洗濯槽の底部にパルセータを配した）の新型洗濯機 SW-56を「渦巻式」洗濯機と名づけて販売した。（**図3.12**）

以降，日本の各社は洗濯槽の底部にパルセータがある構造を「渦巻式」洗濯機と呼んで，「噴流式」と区別するようになった。

1956（昭和31）年8月，東芝は，衣服がよじれにくくするため，回転方向を30秒ごとに自動反転させるパルセータを噴流式洗濯機（VJ-3）のために開発し，後の渦巻式洗濯機にも採用した。

そのほか，日本の家電メーカーは逆流防止器付き，補助パルセータ付き，二段水流調節付き，自動給水，排水ポンプ付き，排水コック付きなど新機能の開発努力を続けた。

図3.11　八欧電機　渦巻式洗濯機（GS-702）

図3.12　三洋電機　渦巻式洗濯機（SW-56）

3.3　一槽式洗濯機の改良

　当初，どの家電メーカーの一槽式洗濯機も同じような機能だったが，販売競争に勝つため，洗濯機に数々の工夫を加えられた。すすぎ効果をよくする溢水口（溢水ホース付き），逆流防止装置，回転方向を30秒ごとに自動反転させる羽根（パルセータ），二重パルセータ，二段水流調節機能，自動給水機能，吸排水ポンプ，排水弁，タイムスイッチ（もしくはタイムスイッチなどを取り付けるパネル）など。自動反転式を中心にいくつもの機能が組み合わされたことにより，当時業界では「日本の洗濯機をして日本特有のものたらしめた」と考えた（日本電機工業会『日本電機工業史』（家庭用電気機器），1956）。

● **配管の工夫**[7]
　はじめは，洗濯槽の底から排水ホースが1本出ていたが，洗濯効率をあげるために徐々に新しい構造が考え出された。

① 排水ホースのみ（**図3.13**）：洗濯が終わったら，ホースを倒して石けん水を排水する。すすぎのため，ホースを立てて，蛇口を開き，水を水位線あたりまで入れる。パルセータを回しながらもう一度ホースを倒して，桶底からの水の排出と給水が均衡するように蛇口を調整する。水が澄んできたらすすぎを完了し，蛇口を止める。洗濯物をローラ絞り機で絞る。

② 排水ホース＋溢水ホース（**図3.14**）：すすぎ効率をよくするためにオーバーフロー式とし，溢水口と溢水ホースを設けた。したがって，ホースは2本となった。泡や汚れは上層に浮き上がるので，水面からオーバーフローすすぎをすると非常に効率よいすすぎができる。しかし，2本のホースを順に倒し，また起こす動作が伴い煩わしい。溢水ホースは，洗濯動作のとき倒したままでは石けん水が一部流れ出し，水位がやや低くなるので立てておく。

③ 排水弁（排水口）＋溢水ホース（**図3.15**）：タイマのみであった洗濯機上面のパネルに弁切替ツマミをもうけ，屈まず立ったまま

3.3 一槽式洗濯機の改良

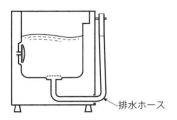

図 3.13 排水ホースのみ

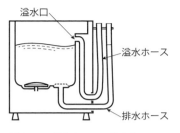

図 3.14 排水ホース＋溢水ホース

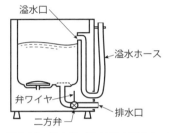

図 3.15 排水弁（排水口）＋溢水ホース

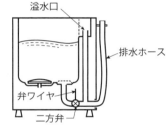

図 3.16 排水弁（排水口と溢水ホースが一体化）

で弁を開閉できるようにした。ただし，すすぎのときは溢水ホースを倒す必要がある。

④ 排水弁（排水口と溢水ホースが一体化）（**図 3.16**）：排水ホースのみとなった。溢水口を工夫し，ホースは倒したまますべての工程を行う。以降，この配管方式が主流となった。

このほかにも，一つのケースに二つの弁を一体化した方式や，弁ワイヤを二段階に引いて「洗たく」「すすぎ」「排水」と切替えができる「三方弁」と呼ぶ方式も開発された。このように「排水」だけでも，多くの種類が出てきた。

すすぎ効率をよくする配管方式は，やがて二槽式洗濯機や縦型の全自動洗濯機にも採用された。基本的に排水弁を上手に使って，排水ホース1本にする方式である。

第3章　一槽式洗濯機と遠心脱水機

● **部品の材質と加工**

　フーバー洗濯機は，これまでの鋳物や厚い鉄板でつくられた重い機関車のような洗濯機を，薄い鉄板やアルミの板をプレス加工した華奢（きゃしゃ）な洗濯機に転換させた。また，プレス加工によって大量生産が可能となった。ソーラー撹拌式洗濯機の重さが 60 ～ 70 kg に対し，フーバー（0307 型）洗濯機は約 4 分の 1 の 16 kg という軽さである。フーバー洗濯機は，洗濯容量はソーラー洗濯機の半分であったが，洗濯機の需要を押し上げる以下のような要素がいっぱい詰まっていた。安価に生産でき，コンパクトで置き場所に困らない，軽いのでどこにでも移動できる，短い洗濯時間，しゃれたデザインなどである。

　1953（昭和 28）年以降，わが国の洗濯機製造（生産）方式が一変した。それまでは，生産台数も少なく，床に木製の台を並べ，人が部品を棚から持ってきて一台ずつ取り付けていた。発注から生産出荷まで，日数がかかった。しかし，この時期から，コンベアを使った大量生産がはじまった。

　日本企業は，どんなに新しい構造物でも量産に移行できる製造技術力を備えていた。部品メーカーの対応力も優れており，新しい設計・製造の考え方に基づいた部品を調達できた。

　具体的な大量生産への対応は，分厚い鉄板の使用をやめ，薄い鉄板・アルミ板など加工しやすい材料を使う。極力鋳物は使用せず，アルミダイキャストか，プラスチック成形部品を使う。溶接加工を減らし，はめ込みとねじ止めを増やす。ねじの種類は極力少なくする（標準化）。組み立ては，ベルトコンベア方式とする。

　主な部品の加工をみてみると，外箱は，鉄板を型で抜き大きく折り曲げる。後部は，裏板（鉄板）をねじ止めするので，その部分を除く上と下には細長い鉄板をスポット溶接する（**図 3.17**）。最後に静電塗装を施す。

　洗濯槽は，当初鉄板にホーロー加工したものが出回ったが，後にアルミ合金の板をプレス加工で成型するようになった（**図 3.18**）。アルミ板は，そのままでは錆びるので表面をアルマイト加工した。

　羽根（パルセータ）は，熱硬化性のプラスチックで成型した。アルミ

3.4 早すぎた自動一槽式洗濯機

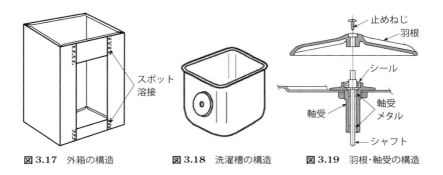

図 3.17　外箱の構造　　図 3.18　洗濯槽の構造　　図 3.19　羽根・軸受の構造

　ダイキャスト製の軸受けには，水封のためのシールと，油を含浸した軸受けメタルがあり，羽根を止めるシャフトが入っていた（**図 3.19**）。
　ふたは，鉄板でできており，塗装をして周囲にゴムパッキンをつけていた。
　ハンドル式絞り機は，2本のゴムローラをばねで挟み込んだ弾力のある構造であった。
　タイマ（15分計）は，洗濯時間を手動で 5 〜 10 分間にセットする。ワーレン・モータ式とぜんまい式があった。
　包装箱は，まだ木製であった。段ボールになるのはずっと後のことである。

3.4　早すぎた自動一槽式洗濯機

　一槽式洗濯機においても，さらに能率よく洗濯できないかと試行した結果生まれたのが「自動一槽式洗濯機」である。洗濯機業界にはこの呼称は存在しないが，後の「自動二槽式洗濯機」と区別するため名づけておきたい。まだ自動二槽式洗濯機が開発される前なので，自動一槽式洗濯機とわざわざ「一槽式」と呼称する必要もなかったのである。
　1964（昭和 39）年 11 月 1 日，三菱から自動（一槽式）洗濯機（EWA-900，31 000 円）が発売された（**図 3.20**）。その特徴は，① 従来品と異なり，

第3章　一槽式洗濯機と遠心脱水機

図3.20　三菱自動洗たく機（EWA-900）

最初にタイムスイッチをセットするだけで給水－洗濯－ゆすぎ－排水の行程がすべて自動的に行える，② 強弱反転水流を使用しているので，布地を傷めず，ムラなく洗える，③ 一度に多くの洗濯ができる大型槽（1.8 kg）を採用した（当時は 1.5 kg が一般的であった）。

　図 3.21 の配管図にあるように，自動タイマ，給水弁，圧力センサ（水位センサ），排水弁などが組み込まれているので，タイマをセットすれば洗濯機から離れてほかの用事ができるのである。ところが，ほかの洗濯機に比べると，値段が約 8 000 円も高かったので，当時ほとんど売れなかった。

図3.21　自動一槽式洗濯機配管図

　この種の洗濯機としては，1956（昭和31）年に松下が N-50（噴流一槽式）「自動給水式」，1962（昭和37）年にシャープが ES-304（渦巻一槽式）「プログラム式自動すすぎ」を発売した。

　洗濯機メーカーは便利さを売り物にして，このように「給水の自動化」「すすぎの自動化」を進めようと努力したが，この時代にはやや早すぎ

た。何しろ，主婦は重労働から開放してくれる洗濯機があるだけで十分であった。しかし，この構造は後になって生かされ，自動二槽式洗濯機が生み出されることになる。

3.5 遠心脱水機の発売

1953（昭和28）年に噴流式の洗濯機が発売された。すすぎが終わると，ローラ絞り機で衣類を絞る。絞り機が付いていなければ手で絞る。どちらにしても水がしたたり落ちるので，衣類を部屋の中では干せない。

● **部屋干しできないローラ絞り**

昭和30年代に入り，電気洗濯機（一槽式）が一般家庭に普及しはじめた。価格を考慮して，手動のローラ絞り機が付いた機種と付いていない機種を併売した。そのうちに，絞り機のない機種は消えていった（**図3.22，3.23**）。

ローラ絞り機は，洗い終わった洗濯物を二本のゴム製ローラの間に挟み込み，ハンドルを回して絞る。絞ると平たくなった衣服が反対側からスーッと出てくる。当初は，洗濯機のふたで衣類を受けていた（**図3.24**）。

1958（昭和33）年ころから洗濯かごが付属品として付くようになり，絞った衣類は横に引っ掛けたかごの中に納めるようになった（**図3.25**）。

図3.22 絞り機なしの洗濯機
（1961年）

図3.23 別売りの絞り機
（1961年）

第3章　一槽式洗濯機と遠心脱水機

図3.24　絞り機付洗濯機
　　　　（かごなし）（1955年）

図3.25　絞り機付洗濯機
　　　　（かご付き）（1958年）

　当初，力仕事の絞り作業をローラ絞り機がやってくれることに主婦は感激した。しかし，ローラ絞り機にも欠点があった。洗濯槽から引っ張り出した衣類の塊(かたまり)は，厚さが不均一のためローラの中心部はよく絞れるが両端は十分絞れない。絞り終わった洗濯物を干すと，そのうちに水がポタリと落ちてくる。とても室内では干せない。洗濯物は天気のよい日に外で干すのが常識であった。また，ローラの圧力で衣服のボタンが割れることもあった。

● 脱水機の構造と乾燥時間 [12), 13)]

　遠心脱水の考えは，比較的早い時代からあったようである。

　S・ギーディオン『機械化の文化史—ものいわぬものの歴史』[8)]によれば，1780年代の初めには洗濯機の特許に「遠心力を利用した脱水の提案」がされているという。

　また遠心力の応用としては，1851年にアメリカのラングストロス（L. L. Langstroth）が現代的な蜂の巣箱と長方形の取り出しやすい巣枠を考案し，遠心分離機を使って効率よく蜜を集めるシステムを作り上げている [9)]（図3.26）。

図3.26　蜂蜜遠心分離機

　1878年には，モータで動く一槽式脱水洗濯機

3.5 遠心脱水機の発売

図 3.27 日進機械工業 ロミー遠心脱水機

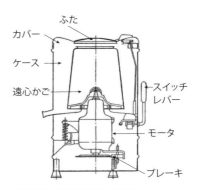

図 3.28 脱水機初期の構造

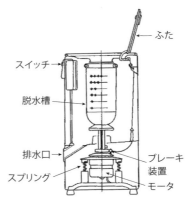

図 3.29 脱水機その後の構造

の特許が提案されている。

　ヨーロッパで，遠心脱水機が単品で売り出されたのは 1924 年ごろである。

　わが国では，1953（昭和 28）年に日進機械工業（株）が脱水機を発売した [10], [11]（図 3.27）。1958（昭和 33）年ころから，家電メーカーが順に売り出した。この時代の遠心脱水機は，底の直径が大きくて上が少し小さめの傾斜がある構造(円錐形)であった。(図 3.28) しばらくして，円筒形状になる。(図 3.29)

　遠心脱水機で絞ると，その遠心力により洗濯物に含まれる水分を振り切るので，手絞りやローラに比較するとはるかによく絞れる。しかも，衣類が傷みにくい。室内で干してもポタ落ちがなく乾くのが抜群に速くなる。主婦は，その威力に驚き「これなら雨の日でも夜でも洗濯できる」と大喜びであった。

　1965（昭和 40）年の実験によると，遠心脱水機で絞った衣類はロー

第3章　一槽式洗濯機と遠心脱水機

表3.3　乾燥時間の比較（1965年）

絞り方	夏（晴れ）	春・秋（曇り）	つゆ時
遠心脱水（1分間）	1時間	4時間	6時間
ローラ絞り	2時間	8時間	13.5時間
手絞り	5時間	12時間	24時間

ラ絞り機の場合の約半分の時間で乾燥した．手絞りは，遠心脱水の場合の約3〜5倍かかる．（**表3.3**）

　脱水率で比較すると，遠心脱水機による木綿の脱水率約60％で，衣類全体が均一に絞れる．ローラ絞りによる木綿の脱水率は42〜48％とバラツキがあり，しかも絞りにくい箇所があるので水がたれる．

● 遠心力の威力

　遠心脱水機の威力を検証する．脱水槽はモータに直結しているので，モータの回転数に近い回転数になる．50 Hz地区では毎分約1 500回転，60 Hz地区では約1 800回転である．

　脱水槽の直径を200 mmとすれば，外周の長さは200 × π（3.14）≒ 628 mm．

　50 Hzの場合でも，一時間当たりに回る距離は628 × 1 500 × 60 ≒ 56 520 × 1 000 mm = 56 520 mとなる．

　街中を走る自動車並のスピードだ．次に，回転による遠心力を考えてみる．

$$F = mr\omega^2$$

mは脱水物の質量，$m = w/g$，w：kg，g：9.8（定数 m/s^2），
rは脱水槽の半径，
ωは角速度で$2\pi N / 60$である．Nは毎分当たりの回転数．

　水にこれだけの力が加わり，脱水槽の小孔から飛び出す．その結果，木綿では脱水率約60％となり，干しても水のたれることはなくなった．（**図3.30**）

　脱水率とは，［乾燥した衣類の重量／（脱水後の衣類の重量＝乾燥し

3.5 遠心脱水機の発売

た衣類の重量＋衣類に残っている水分重量）］× 100 のことである。よく脱水するほど，衣類に残る水分は少ないということになる。

遠心脱水機の安全対策の構造を解説する。脱水運転時はふたを閉じる。すると，ふたのヒンジ部分でブレーキワイヤを引っ張り，ブレーキレバーが開く（**図3.31**）。ふたを開くと，ブレーキワイヤを緩めブレーキが働き 10 秒以下で停止する。

また，衣類のアンバランスにより全体が大きく振動するのを防ぐために，モータは3

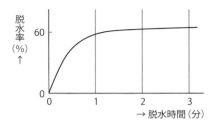

図3.30 脱水時間と脱水率（概念図）

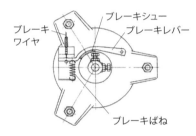

図3.31 ブレーキ機構図

～4本のばねで支え，さらにばねには横揺れを防ぐためのゴムパイプを被せてある。このばね全体の外径と線形，ばねの外形よりわずかに小さい内径のゴムパイプがこの設計のカギを握る。このゴムパイプが，脱水バスケットのアンバランスの影響を減衰させるとともに，振動の伝播を防ぐ役目をする。

脱水率が高いと乾燥時間も早い。会社の寮や病院などでも人気の商品となった。通常は，ふた連動の脱水タイマとブレーキを備えているので，終わると洗濯かごに移して干すだけだ。雨の日や夜でも洗濯ができ，部屋干しするようになった。もう天候や時間に関係なく洗濯できる。

遠心脱水機の威力は素晴らしいが，発売された当初は定価が約 2 万円と高価であった。新入社員の給料が 1 万 3 000 円程度だったので，今なら 30 万円を超す価格であろう。とても手が出ない。

1965（昭和40）年ころになると価格も相対的に下がり，販売台数が

第 3 章　一槽式洗濯機と遠心脱水機

図 3.32　東芝遠心脱水機
　　　　（CA-21）

増えてきた（**図 3.32**）。「脱水機はもうぜいたく品ではない」といった PR もされていた。

　しかし，やがて脱水機は一槽式洗濯機と一体化されて「二槽式洗濯機」となる。その二槽式洗濯機の普及とともに脱水機は減少し，1970 年代半ばには市場でほとんど見られなくなった。

3.6　高度経済成長と洗濯機の普及

　1955（昭和 30）年からはじまった神武景気，1959（昭和 34）年からはじまった岩戸景気，1960（昭和 35）年の所得倍増計画と，日本経済が世界に例のない高度成長成長期に入っていくなか，渦巻式洗濯機は家庭の必需品となり普及のスピードを上げていった。1963（昭和 38）年ごろからいよいよ遠心脱水機を組み込んだ二槽式（渦巻式）洗濯機や，1965（昭和 40）年には渦巻式全自動洗濯機が登場し，普及は加速していく。1956（昭和 31）年に普及率 6.5 % であったものが，1965（昭和 40）年には 67.6 % に達した。（**表 3.4**）

3.6 高度経済成長と洗濯機の普及

表3.4 戦後から昭和40年までの生産高と普及率

年	生産台数（台）	普及率（%）
1946（昭和21）年	162	—
1947（昭和22）年	1 854	—
1948（昭和23）年	265	—
1949（昭和24）年	364	—
1950（昭和25）年	2 328	—
1951（昭和26）年	3 388	—
1952（昭和27）年	15 117	—
1953（昭和28）年	104 699	—
1954（昭和29）年	265 552	—
1955（昭和30）年	461 267	—
1956（昭和31）年	754 458	6.5
1957（昭和32）年	854 564	9.1
1958（昭和33）年	998 309	13.1
1959（昭和34）年	1 189 034	18.9
1960（昭和35）年	1 528 997	26.1
1961（昭和36）年	2 161 072	33.1
1962（昭和37）年	2 445 486	44.1
1963（昭和38）年	2 664 455	51.5
1964（昭和39）年	2 644 150	60.8
1965（昭和40）年	2 234 981	67.6

（社）日本電機工業会

《参考文献》

1) Penny Sparke "Electrical Appliances" Unwin Hyman Limited, pp.84-86, 1987
2) Christina Hardyment "From Mangle to Microwave, The Mechanization of Household Work" Polity Press, pp.63-64, 1988
3) Pauline Webb and Mark Suggitt "The Hoover Company" Gadgets and Necessities ABC-CLIO, pp.142-143, 2000
4) 『家庭電器知識普及シリーズ10　電気洗濯機』（社）家庭電気文化会，pp.29-46，1955.9.25

第 3 章　一槽式洗濯機と遠心脱水機

5) 『日本電機工業史　家庭用電気機器』(社) 日本電機工業会, pp.107-108, 1962.8
6) 「東芝電気洗濯機Ｖ型」取扱説明書, 東京芝浦電気 (株), 1954
7) 大西正幸「洗濯機ものがたり　第14回　一槽式洗濯機ものがたり」『住まいと電化』日本工業出版, pp.67-68, 2010.3.1
8) S. ギーディオン著・栄久庵祥二訳『機械化の文化史—ものいわぬものの歴史』鹿島出版会, pp.539, 1977.2.10
　Siegfried Giedion "Mechanization Takes Command" Oxford University Press, 1948
9) ジョン・セイモア著・小泉和子監訳『図説 イギリスの生活誌—道具と暮らし』原書房, pp.67-68, 1989.12.7
　John Seymour "Forgotten Household Crafts" Dorling Kindersley Book 1987
10) 『家庭電器知識普及シリーズ4　Washer』(社) 家庭電気文化会, p.40, 1953.6.20
11) 「家庭電器器具総まくりその四」『電機』(社) 日本電機工業会, p.17, 1954.9
12) 「東芝洗濯機　販売のしおり」東京芝浦電気 (株), pp.67-71, 1965
13) 『家庭電器読本』日刊工業新聞社, p.66, 1957.9.30

第4章　二槽式洗濯機と自動二槽式洗濯機

4.1　二槽式洗濯機の登場

わが国では，当初普及した一槽式洗濯機に続いて，飛躍的に普及したのが二槽式洗濯機である。その大きな理由は，遠心脱水機の威力がすばらしく，乾燥にかかる時間は，ローラ絞りの約半分ですむことであった。

日本で二槽式洗濯機が普及するきっかけは，1959（昭和34）年にイギリスからフーバー社の二槽式洗濯機が輸入されたことだった。しかし，欧米ではフーバー以前の早い時期から二槽式洗濯機は開発されていたのである。

● 開発のきっかけ

手動式の時代には，洗濯槽とすすぎ槽を台の上に並べただけの二槽式洗濯機があった。洗濯槽には，ふたにドリーと呼ぶ衣類をかき回す撹拌翼があり，洗いが終わるととなりのすすぎ槽に移した。

1900年代にはいると，電気洗濯機に続いて遠心脱水機が発明された。しかし，当初，脱水機は性能が悪く，衣類の偏りで本体が動いてしまうことがあった。

そこで知恵を出し，脱水機を大きくて重い洗濯機に取り付けてみた。これが二槽式洗濯機のはじまりだといわれている。1935（昭和10）年に出願されたサー

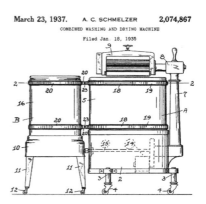

図4.1　サービス二槽式洗濯機
（1935特許公報）

第4章 二槽式洗濯機と自動二槽式洗濯機

ビス社（Servis Limited）の特許公報（**図4.1**）を見ると，単に2つを合わせただけの構造である。

● アメリカの二槽式洗濯機

アメリカでは，1930年12月25日，イージー社（EASY Washing Machine Company）のフレデリック・C・ラッペル（Frederick C.Ruppel）により二槽式洗濯機の特許登録がされている（**図4.2**）。本体のデザインは，しゃれたホーロー仕上げである。

なお，この時のイージー社の撹拌翼は，コーン・アジテータという真空式（お椀をふせたものが複数個上下する構造）であった（1945年になると，ジレータ（gyrator）という撹拌翼に変わっている）。

その後，1934年にはエービー社（Altorfer Brothers Company: ABC），1939年にはゼネラルエレクトリック（General Electric: GE）社，1947（昭和22）年にはデクスター（Dexter）社が二槽式洗濯機に参入した。

初期の二槽式洗濯機は，丸や四角の洗濯槽に丸い脱水槽を合わせただけのものだった。

1949年のイージー（EASY Spindrier）社の広告[1]をよく見ると，脱水槽の中央にパイプがある。パイプには無数の小穴が開き，パイプの上方には給水口がある。つまり，脱水槽で給水しながらすすぎ，続いて脱

図4.2　イージー 二槽式洗濯機
　　　　（1930 特許公報）

図4.3　イージー 二槽式洗濯機
　　　　（1949 広告）

水ができる構造である。(**図4.3**)

1937年「コンシューマー・レポート」誌[2)]にはじめて電気洗濯機のテスト結果が発表された。「コンシューマー・レポート」は1936年にアメリカの消費者同盟であるコンシューマーズ・ユニオン（CU）により発刊された機関誌である。当時アメリカでは，まだ自動ローラ絞り機付き洗濯機が主流であった。

このテスト対象機種10機種の中に二槽式洗濯機が2機種あった。イージー（Easy）社と，エービー社（ABC）の176型（**図4.4**）で，洗濯，すすぎ，脱水ともおおむね評価はいいが，176型はテスト終了後の脱水機のブレーキの効きがよくなかった。

10年後の1947年のテストでは，20機種の中で1機種イージー社のモデル18SS46のみが二槽式洗濯機であった。このモデルは，すべての性能で優秀となり，ベスト・バイの折り紙がつけられた。とくに遠心脱水機の脱水性能と安全性が評価された。当時，自動ローラ絞り機は怪我が多くて評判が悪かった。

同時にテストされたベンディックス社（Bendix Corporation）のフロントローディング（front loading）（前面開閉式・ドラム式）の全自動洗濯機（このころは洗濯，すすぎ，脱水まで）2機種を除けば，まだほとんどが自動ローラ絞り機付きであった。

しかし，その後のテストでは急速にトップローディング（top loading）（上面開閉式・撹拌式）の全自動洗濯機が増加し，1950年ごろには自動ローラ絞り機付き洗濯機は消えていった。すると，二槽式洗濯機に注力していたエービー社やイージー社も全自動洗濯機を発売した。アメリカでは，冷たい水に手を入れ衣類を移し変えなくてはならない二槽式洗濯機は面倒という時代に変わったのである。

図4.4 エービー社
二槽式洗濯機（176型）
（1937年）

第 4 章　二槽式洗濯機と自動二槽式洗濯機

● フーバー洗濯機の工夫

　一方，イギリスでは，1957（昭和 32）年，フーバー社が「Hoovermatic Twintubs, Model 3444」という二槽式洗濯機を発売した。（**図 4.5**, **表 4.1**）

　これまで他社が販売していた二槽式洗濯機と大きく異なる点は，横長の外箱に洗濯槽と脱水槽をきちんと収めた新しいデザインである。衣類を洗濯槽から脱水槽へ移しやすく，床への水こぼれなくなった。

　洗濯方式は噴流式で，パルセータ（羽根）は洗濯槽の横に取り付け強力な水流を巻き起こした。また，排水ポンプつきで，台所の洗い場に排水できて便利であった。

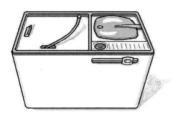

図 4.5　フーバー 二槽式洗濯機
　　　　（3444 型）（1957 年）

　1959（昭和 34）年，東京の高島屋でこのフーバー社の二槽式洗濯機 3444 型が発売された。価格は，当時の大卒者初任給が約 1 万 5 000 円のころ，目をむくような 9 万 8 500 円であった。庶民はとても購入できるものではない。

表 4.1　フーバーマチック（3444 型）の仕様

項　目	内　　容
電圧，周波数	100 V, 50 Hz 〜 60 Hz
洗濯モータ	出力 500 W, シェージングモータ
脱水モータ	出力 240 W, コミュテータモータ
湯沸しヒータ	1 500 W（洗濯槽の底，カバー付き）
タイムスイッチ	—
ポンプ能力	28 L / min（台所の流しなどに排水）
パルセータ径	156 mm
洗濯方式	噴流式，2.7 kg（約 1 460 / 1 690 rpm）
脱水方式	遠心分離式，2.7 kg（約 1 620 / 1 840 rpm）
水量	36 L
外形寸法	幅 720 × 奥行き 415 × 高さ 800 mm
洗濯槽寸法	幅 380 × 奥行き 310 × 深さ 420 mm

しかし，洗濯機メーカーは「これこそ次に日本が目指すべき洗濯機である」と考え，一斉に開発に取り組んだ。

フーバーマチックの本体は，幅 720 mm × 奥行き 415 mm × 高さ 800 mm。脱水槽は，直径が 200 mm の円筒形。洗濯容量，脱水容量はともに 2.7 kg である。水槽内には，湯沸し用ヒータ（1 500 W）を内蔵していた。

脱水時には，毎分約 1 620 回転（50 Hz）で高速脱水する。脱水すると，木綿では脱水率約 58 ％と衣類全体が均一に絞れるので，室内で干してもポタ落ちがなく乾くのが抜群に早い。ふた連動の脱水タイマとブレーキを備えていた。

1960 年ころから，ヨーロッパを中心に類似の二槽式洗濯機が発売された。ロールス社（Rolls Rapide Twinny），アー・エー・ゲー社（AEG, Lavalux），ホットポイント社（Hotpoint），サービス社（Servis, Super Twin）など多くの企業が続いた。

二槽式洗濯機は，日本にやってくる約 30 年も前にアメリカで開発されていた。しかし，アメリカでは，洗濯物を洗濯槽から脱水槽へ移すのが面倒などの理由から，イギリスなどヨーロッパや日本のように主力になれず，一足早くより便利な全自動洗濯機の普及へと向かっていくのである。

4.2 わが国の二槽式洗濯機[3), 4)]

一般にわが国初の二槽式洗濯機といえば，1960 年に発売された三洋製の印象が強い。しかし，1953（昭和 28）年に日立が二槽式洗濯機（KW-4C）を発売していた（**図 4.6**）。左が回転式（ドラム式）洗濯槽で，右が遠心脱水機である（**図 4.7**）。モータは一つで，洗濯機本体前部にある切替ハンドルにより連なるクラッチで「洗濯」と，「脱水」を切替える。洗濯は，ラックとピニオンにより回転槽を一定の角度で反転するメカニカルな構造である。洗濯容量は，業界が 1.5 〜 2.0 kg に対し 4 kg と大容量で，重量は 150 kg であった。各社の洗濯機が 3 万円を切るな

第4章　二槽式洗濯機と自動二槽式洗濯機

図 4.6 日立 二槽式洗濯機
（KW-4C）

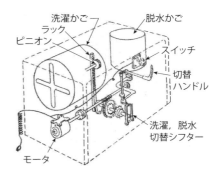

図 4.7 日立 二槽式洗濯機
（KW-4C）の構造図

かで，価格が9万8000円と高く売れなかったと思われる。高卒初任給が8000円の時代で，設計者自身「自分は，生涯洗濯機が買えることはない」とあきらめていたという。

● 渦巻式の二槽式洗濯機の普及[5)]

1960（昭和35）年4月，三洋電機がわが国初渦巻式の二槽式洗濯機を発売した（SW-400，45000円）（**図 4.8，4.9**）。この渦巻式の二槽式洗濯機が，わが国における洗濯機の普及に大きく貢献することになる。

フーバー洗濯機と異なるのは，洗濯方式は渦巻式とし，遠心脱水機は上部にヒータが組み込まれており乾燥機能を持っていたことである。このヒータは，次のモデルチェンジで取り去られている。脱水槽の中で衣類をそのまま乾燥すると，しわだらけになるからだ。しわは簡単には取れない。

1963（昭和38）年，各社からいっせいに二槽式洗濯機が発売された。価格は，約3万円である。大学卒の初任給が1万8000円前後の時代なのでまだ高価な買い物であるが，普及の勢いは止まらなかった。主婦は脱水機の威力を知り，二槽式洗濯機に魅力を感じたのである。

このころの洗濯・脱水容量は1.5 kgで，現在の洗濯機に比べるとずいぶん少ない。ただ，外形寸法は，幅が約600〜700 mm，奥行きが約

4.2 わが国の二槽式洗濯機

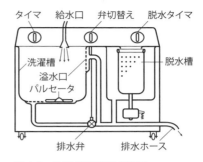

図 4.8 三洋 二槽式洗濯機（SW-400）　　図 4.9 二槽式洗濯機の構造図

450 mm，高さが約 860 mm と現在使われている二槽式洗濯機とそれほど変わらない。

　初期の排水構造は，洗濯槽と脱水槽にそれぞれ長いホースを備えていた。使用中は立てかけておいて，排水するとき倒すという単純なものである。やがて「排水弁」が開発された。操作パネルに弁切替え装置を備え，いちいち腰をかがめてホースの上げ下げをしなくても，立ったまま排水できるようになった。このあたりの技術改良は，併売していた一槽式洗濯機と同時に行われた（3.3 参照）。

● プラスチックの普及が洗濯機を変えた

　二槽式洗濯機が発売されたころ，新しいプラスチックが開発され，金属部品がプラスチックに変わりはじめた。プラスチック化は，量産性を向上させ，価格を安価にする。鮮やかな色が可能となり，塗料のように剥げない。複雑な形状も一体成形が可能となり，部品点数の削減にも大きく寄与した。それと同時に，洗濯機の構造に新しい発想が生まれ，スマートなデザインが可能となったのである。しかし，プラスチックの金型の制作費が高いため，製品単価を下げるには大量生産が必要であった。

　1966（昭和 41）年，東芝が「銀河」と呼ぶ全く新しいデザインの二槽式洗濯機を発売した（図 4.10）。洗濯容量は，当時最大の 1.8 kg で，

第4章　二槽式洗濯機と自動二槽式洗濯機

図4.10　プラスチック化したデザイン
（1966）

図4.11　鉄板主体のデザイン
（1964）

　ウールが洗える洗濯機である（VH-8000，容量1.8 kg，3万3 500円）。新方式の三方弁を開発し，二本必要であったホースを一本化した。

　それまで，洗濯機は外箱の上全体を鉄板製の覆いぶたを被せ，そこに二枚の鉄板製のふたを置いていた（**図4.11**）。この覆いぶたと，二枚のふたをプラスチック製に変え，しかも水でさびやすい前面にステンレス板を取り付けた。これらデザインと機能が認められ，「銀河」はグッドデザイン賞を受賞している。

　各社は洗濯機に「うず潮」「青空」「びわ湖」「千曲」などと競って命名し売り出した。二槽式洗濯機の人気により開発競争が激化し，機能のみならずデザインの競争も激しいものであった。

● **大物部品のプラスチック化**[6]

〚洗濯槽〛

　1950～60年代初期は，プラスチックの部品は「羽根（パルセータ）」「つまみ」など，ごくわずかであった。熱硬化性樹脂のため，まだ応用範囲が限られていた。その後，ABS（アクリル・ニトリル・ブタジエン・スチロール共重合体）樹脂やAS樹脂，PP（ポリプロピレン）樹脂などが次々

と開発されて,プラスチック化(プラ化)が進みはじめた。はじめは「操作パネル」「洗濯ふた」と「脱水ふた」のプラ化であった。極めつけは「洗濯槽」である。

初期の撹拌式洗濯機の洗濯槽は,鉄板にホーロー加工したものだった。一槽式洗濯機の洗濯槽は,アルミ合金をプレスで絞り,表面は傷やさびを防止するため,アルマイト加工の上に水ガラス処理をしていた。アルミは,鉄鋼に比べると強度が弱く,溶接もしにくいという弱点を持っていた。また,プレス加工で深絞りした洗濯槽の底部は,パルセータを取り付ける箇所をもう一段絞るが,角部の寸法精度が出ず,羽根と桶の隙間がやや大きくなる。排水口の周りの精度も出ず,布傷みが発生しやすい。

1960(昭和35)年ごろには,各社とも洗濯槽のプラスチック化を念頭にABS樹脂から検討をはじめたが,湯を入れると伸びが大きく使い物にならない。コストも高い。そこで,開発されて間もないPP樹脂の検討に入り,1964(昭和39)年に基礎データを固めた。

とくに耐寒性能,耐衝撃性能が心配され,数種類の選ばれた材料をあらゆる角度から膨大な実験を行った。例えば耐寒性能の確認では,極低温下において,洗濯槽単体の落下テストや洗濯槽への鋼球落下テスト,日常起りうるペンチやドライバーの落下テストなど考えられるすべてのテストを繰り返し,市場に出せるかどうかの検証を行った。

1964(昭和39)年,松下がはじめてアルミの洗濯槽を,そのままプラスチック化するのに成功した(N-1055)(**図4.12**)。1967(昭和42)年,松下が洗濯槽(脱水槽の上部枠一体化した)をはじめてプラスチック化した二槽式洗濯機(N-3000)を発売した(**図4.13,4.14**)。続いて1970(昭和45)年,洗濯槽と脱水槽を一体成型したプラスチック槽を実用化した(**図4.15,4.16**)。プラ化は,二槽式洗濯機の発展に大きく寄与した。主に,次のような効果が出てきた。① 部品点数が減る,② 水封効果が完璧,③

図4.12 プラ槽(一槽)

第4章　二槽式洗濯機と自動二槽式洗濯機

図 4.13　松下 二槽式洗濯機（N-3000）

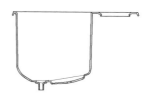

図 4.14　プラ槽（上部枠一体槽）

図 4.15　松下 二槽式洗濯機（N-3900）

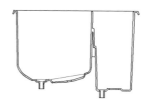

図 4.16　プラ槽（二槽）

さびない，④ 軽量化の進展，⑤ 信頼性の向上，⑥ 量産性の向上，⑦ デザインの自由度が向上。

[外箱]

　水を使う洗濯機では，鉄製の部品はさびやすく，いかにこれを防ぐかが大きな課題であった。

　洗濯機は，戸外，風呂場，ベランダなどに置かれ，雨風にさらされる場合が多く，また洗濯作業中に水が外箱を伝わり下のほうからさびが進行した。したがって次の課題は，外箱のプラスチック化であった。

4.2 わが国の二槽式洗濯機

図 4.17　三菱電機 二槽式洗濯機（PW-2000）

図 4.18　三菱電機 二槽式洗濯機（PW-2400）

　1969（昭和 44）年，三菱電機がはじめて外箱のプラスチック化を実現した（PW-2000，2300）（**図 4.17**）。当時の三菱電機のカタログには「洗濯機のサビ時代が終わります」と宣言している。
　外箱の構造は，4 枚の ABS 板材をプレスで打ち抜き，周囲を加熱プレスで取付けしやすい形状に曲げたものを組み立てる。平面部は強度補強を兼ねたデザインを施した。ところが，この外箱を 4 分割したプラ化はさびには強いが，部品点数が増え，コストが高くつくことなどから，長くは続かなかった。
　1970（昭和 45）年，三菱電機は外箱をプラスチックで一体成型した二槽式洗濯機を開発した（PW-2400，PW-5200 ほか）（**図 4.18**）。
　材料は ABS だが，縦長に深い形状である。
　一般に，成型するときには上の金型と下の金型の間に高温で溶けたプラスチックを流し込み，冷えた後，金型を離して成型したものを取り出す。したがって型には僅かな傾斜が必要だ。これを「抜き勾配」というが，抜き方向の長さが長いと下のほうは少し先細りに小さくなる。つまり上の寸法に対し，下の寸法はやや小さく成型される。したがって，直方体の外箱は少し下細りの形状になる。しかし，そこはデザインで十分カバーできる。外見は，鉄板よりはるかにスマートなデザインであった。

第4章　二槽式洗濯機と自動二槽式洗濯機

　残念なことに，この外箱一体成型も長くは続かなかった。たぶん「コストが高くついた」ためと思われる。まず，ABS というプラスチックは PP に比べ高価である。金型も，外箱は洗濯槽に比べ大きく深い（長い）ので，型を作る費用が高くつく。成形時間も長くかかる。高級機種に限定して採用していたので，生産ロットが小さくなり価格を安くできなかったということもありそうだ。

〚プラスチックベース〛

　1971（昭和46）年，三洋電機がプラスチックベース（プラベース）を採用した二槽式洗濯機を発売した（図4.19）。さびやすい外箱の下のほうだけ分割して PP 樹脂でプラスチック化し，これにモータ（2個）や，排水弁を取り付けるようにしたものだ。

　鉄板の外箱では，下部に別の補強板や支持板という部品を溶接やねじ止めし，その上にモータなどを取り付けていた。プラベースにすると，外箱が一枚板を折り曲げるだけとなり，溶接箇所がなくなり下周りがすっきりする。外箱が，塗装から防錆処理を施したカラー鋼板になり，工場では塗装工場が不要となった。

　この方式は，組み立ての改善にもつながり，各社が取り入れて二槽式洗濯機の標準スタイルとして定着した。最後に排水弁や，軸受けケース，ブレーキシューなど機構部品のプラ化にも成功した。残った金属は，モータと，外箱，軸受けメタル，ばね類，ねじ類だけとなった。

図4.19　三洋電機 二槽式洗濯機
（SW-6000）

● プラスチック化による軽量化

　プラ化への努力が実り，1970年代の初めには軽量化がぐんぐん進んだ。ほぼ同じ仕様の二槽式洗濯機で重量の変化を調べてみた。1964（昭和39）年以降，

4.2 わが国の二槽式洗濯機

二槽式洗濯機（主力機種）は約 32 kg であったが，1972（昭和 45）年に東芝が発売した機種（VH-7010）は，25 % 減の 24 kg となった。その後も軽量化設計の努力が続き，1986（昭和 61）年についに製品重量 16 kg という究極の洗濯機（VH-1500）が発売された。（**図 4.20**）

約 20 年間で，同じ機能を持つ商品の重量がなんと半分になったのである。しかも，洗濯容量は当初品が 1.5 kg，最終品は 2.2 kg に増加している。部品の一体化のほかに，プラスチックの弾性を利用してねじを使わずに嵌め込み式にするなどにより，ねじの本数も約半分に減らすことができた。

図 4.20 東芝 二槽式洗濯機（VH-1500）

1965～1970 年代初期にかけて，日本の洗濯機の急速な普及とともに

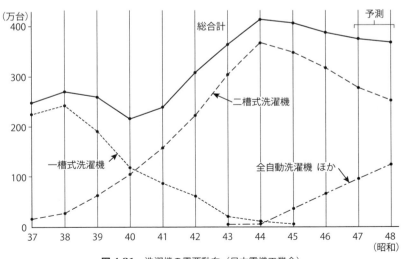

図 4.21 洗濯機の需要動向（日本電機工業会）

第4章　二槽式洗濯機と自動二槽式洗濯機

に，プラスチック化は大きく進んだ．一部の耐摩耗性や強度のいる部品は，ポリアセタール樹脂を使用したが，ほとんどがPP樹脂である．

表4.2　わが国の洗濯機生産台数と普及率

年	生産台数（台）	普及率（%）
1963（昭和38）年	2 785 000	(51.5)
1964（昭和39）年	2 479 000	(60.8)
1965（昭和40）年	2 234 981	68.5
1966（昭和41）年	2 503 000	75.5
1967（昭和42）年	3 116 700	79.8
1968（昭和43）年	3 699 600	84.8
1969（昭和44）年	4 282 000	88.3
1970（昭和45）年	4 376 000	91.4
1971（昭和46）年	4 097 000	93.6
1972（昭和47）年	4 205 000	96.1
1973（昭和48）年	4 367 000	97.5
1974（昭和49）年	3 589 000	97.5
1975（昭和50）年	3 569,000	97.6
1976（昭和51）年	3 914 000	98.1

（社）日本電機工業会

1965（昭和40）年，二槽式洗濯機が一槽式洗濯機を追い越した（**図4.21**）．この年，68.5％であった洗濯機の普及率は1966（昭和41）年には75.5％，1967（昭和42）年には79.8％とぐんぐん上昇し，1970（昭和45）年には90％を超えた（**表4.2**，**図4.22**）．なお，それまで販売が伸び悩んでいた全自動洗濯機が少し

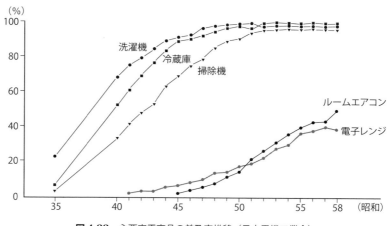

図4.22　主要家電商品の普及率推移（日本電機工業会）

ずつ売れはじめた。しかし，全自動洗濯機が二槽式洗濯機を追い越すのは，ずっと後のことである。

二槽式洗濯機は，素材の変化（特にプラスチック化）や構造の工夫，洗濯の自動化（4.3 参照）など新しい技術開発を続けて進化する。全国の洗濯機販売台数は年間約 400 万台になり，普及率がほぼ 100 ％に達した。この時期は，洗濯機業界にとって第二次成長期であった。

4.3　自動二槽式洗濯機の誕生 [7), 8)]

洗濯量が増えるにつれて，二度三度と洗濯するには二槽式洗濯機が便利であった。一方，二槽式洗濯機は，たびたび洗濯機の操作が必要であり，忙しい主婦により自動化が求められていた。このとき開発されたのが，自動二槽式洗濯機である。

1966（昭和 41）年，二槽式洗濯機の洗濯槽を自動化した新しいタイプの洗濯機が，三菱（CWA-800）と東芝（AW-1000S）により発売された（**図 4.23**，**4.24**）。時間のかかる「洗濯・すすぎ行程」を自動化した，より実用的な自動二槽式洗濯機である。

図 4.23　三菱 自動二槽式洗濯機
（CWA-800）

図 4.24　東芝 自動二槽式洗濯機
（AW-1000S）

第4章　二槽式洗濯機と自動二槽式洗濯機

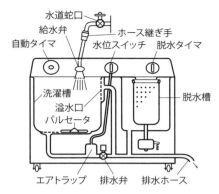

図4.25　自動二槽式洗濯機構造図　　　**図4.26**　ホース継ぎ手

● 「洗濯」自動化のしくみ[9), 10)]

　これまで全自動洗濯機で使ってきた自動タイマ，ホース継ぎ手，給水弁，エアトラップ，水位スイッチ，排水弁などの部品を，二槽式洗濯機に取り入れ洗濯行程の自動化を実現した。（**図4.25**）

　洗濯機据付時に，あらかじめ給水ホースに連なるホース継ぎ手（**図4.26**）のノズル側を水道蛇口に取り付けておく。洗濯は，洗濯物とそれにふさわしい量の洗剤を投入する。水道蛇口を開き，タイマのスイッチを入れ，洗濯量にふさわしい水位を選ぶだけで，洗濯からすすぎ，排水までの行程を自動で行う（全自動洗濯機では最後に脱水を行う）。

　自動化のしくみを見てみよう。タイマがセットされると，排水弁は閉じて，給水弁（**図4.27**）が開き洗濯槽に水が供給される。一定量の水がたまると，水圧によりエアトラップの空気を押し上げ，水位スイッチ（**図4.28**）が働き給水を止める。洗濯モータが動きパルセータ（羽根）を回転させる。

　タイマにセットされた時間が過ぎると，モータは止まり，同時に排水弁が開き洗濯槽の汚れた水がすべて排出される。続いて排水弁は閉じられ，給水弁が開き，これ以降は「すすぎ」行程になり，3回の給水，撹拌，排水が自動で行われる。すすぎは，それぞれの洗濯機により決められた仕様で通常のすすぎとオーバーフローすすぎを組み合わせている。

4.3 自動二槽式洗濯機の誕生

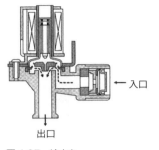

図 4.27 給水弁

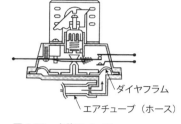

図 4.28 水位スイッチ

例えば，最初の 1 回はかき混ぜ（撹拌）のすすぎで，後の 2 回はオーバーフローすすぎの場合もある．別の機種では，最初の 2 回はかき混ぜのすすぎで，後の 1 回のみオーバーフローすすぎの場合もある．

「洗濯行程：約 30 分」自動化の働き（例）
① 洗濯：給水（約 1 分 30 秒）- 洗濯（設定 5 〜 10 分）- 排水（約 1 分 30 秒）
② すすぎ（1 回目）：給水（約 1 分 30 秒）- 撹拌（2 分）- 排水（約 1 分 30 秒）
③ すすぎ（2 回目）：給水（約 1 分 30 秒）- 撹拌（3 分）- 排水（約 1 分 30 秒）
④ すすぎ（3 回目）：給水（約 1 分 30 秒）- 撹拌（3 分）- 排水（約 2 分 30 秒）

通常は，ここでブザーが鳴り（鳴らないようにもセットできる），洗濯物を脱水槽に移し脱水行程に入る．約 3 分で脱水を終え，干す．すべて終わったところで，水道蛇口を閉じる．

全自動洗濯機に比べると，洗濯物を脱水槽に移し脱水する約 3 分の手間があるものの，使い慣れるとたいそう便利だということがわかる．1968（昭和 43）年には，各社からもいっせいに自動二槽式洗濯機が発売された．

第4章　二槽式洗濯機と自動二槽式洗濯機

● 夜の洗濯機[11]

　自動二槽式洗濯機を売り出すとき，「洗濯行程が自動化されて便利であること」を訴えた。一般の二槽式洗濯機では，行程ごとに操作が必要であったが自動二槽式洗濯機は大幅に簡素化できた。

　一方，全自動洗濯機はすべてを自動化しているために，夜寝る前にセットしておけば朝には脱水が終わっている。後は干すだけ。自動二槽式洗濯機は便利になったが，やはり全自動洗濯機には及ばないと思われていた。

図4.29　東芝「夜の洗濯機」カタログ

　しかし，自動二槽式洗濯機も全自動洗濯機と同じように「夜セットしておけば，寝ているうちに洗濯が終わり便利だ」という主婦の声が聞こえてきた。

　そこで，1969（昭和44）年に東芝が発売した自動二槽式洗濯機（AW-1500）には「お休み前にスイッチポン　夜の洗濯機」というキャッチフレーズを使用した（**図4.29**）。

　このキャッチフレーズ以降，さらに二槽式洗濯機の需要が増えた。

4.4　「洗い」と「すすぎ・脱水」の同時進行

　1970（昭和45）年を過ぎたあたりから，徐々に共働き家庭が増え，1980（昭和55）年には50％を超えた。また，時代は清潔志向となり，「汚れたから洗う」のではなく「着たから洗う」ようになった。どの家庭でも洗濯量が増えていった。さらに，汚れの少ない衣料から順に洗うという「分け洗い」の考え方も進み，洗濯は1回では終わらず，2回，3回と行うようになってきた。

　「もっと合理的な洗濯はできないか」企業も家庭の主婦も考えた。

4.4 「洗い」と「すすぎ・脱水」の同時進行

● **時代が求めた同時進行型洗濯機**[12), 13)]

　主婦が考える合理的な洗濯とは，はじめにワイシャツなど比較的汚れが少ないものを洗い，それを脱水するときに，洗濯液は排水せずに次の汚れた洗濯物を洗う。この洗濯が終わっても，洗濯液は排水せずに次に相当汚れた洗濯物に取り掛かる。これを「分け洗い」と呼ぶ。賢い主婦は洗剤も水も時間も節約したのである。

　1980（昭和55）年4月，東芝から「すすぎ・洗い 同時進行型」の自動二槽式洗濯機が発売された（**図 4.30**，**表 4.3**）。この「同時進行型」とは，これまでの常識を破り，「洗濯槽の運転（給水→洗濯→停止）」と「脱水槽の運転（給水→すすぎ→脱水）」を同時にできる洗濯機のことである。洗濯物が多く，2回3回と洗濯を続ける家庭では，

図 4.30　東芝「同時進行型」カタログ（ASD-500N）

表 4.3　東芝「同時進行型」自動二槽式洗濯機の仕様

項　目	詳　細
型式	ASD-500N
価格	60 000 円
洗濯容量	2.8 kg（脱水も同量）
標準水量	高 40 L／低 32 L
使用水量	145 L
特徴	「すすぎ」と「洗い」が同時にできる「シャワーすすぎ方式」 着脱自在の「マジックシャワーパイプ」 すすぐ水量調節「注水量目安棚」 循環式糸くずとり装置
消費電力	洗い：240／220 W（50／60 Hz） すすぎ：110 W（50／60 Hz）
製品重量	29 kg

第4章　二槽式洗濯機と自動二槽式洗濯機

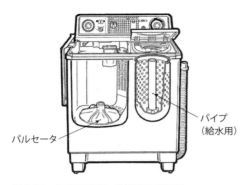

図 4.31　「同時進行型」洗濯機の構造図

大変使いやすく経済的な洗濯機である。（**図 4.31**）

洗濯側は通常の自動二槽式洗濯機と同じように，自動タイマで給水弁と排水弁および洗濯モータをコントロールする。

脱水側は自動タイマで給水弁および脱水モータをコントロールし，脱水槽はフル回転と惰性回転を交互に行う。惰性回転のときに中央のパイプに上から給水し，水を止める。フル回転によりパイプの孔からシャワー状に水を出し脱水すすぎを行う。つまり，脱水槽で「すすぎ」と「脱水」を行うことができる。

操作方法は，洗濯槽に洗濯物と洗剤を入れ洗濯タイマをセットする。すると「給水」がはじまり，水位線まで水が入ると「給水」は止まり，「洗濯」行程に移る。「洗濯」が終わったら，洗濯液は排水しないでそのままにし，洗剤のついた衣類をすぐに脱水槽に入れる。脱水タイマを回すと「シャワーすすぎ」と「脱水」を繰り返し行う。洗濯槽には次の洗濯物を入れ「洗濯」をはじめる。

「シャワーすすぎ」と「脱水」を自動で行っている間に，次の洗濯物の「洗濯」も同時進行するので，時間も洗剤も水も大変な節約となる。

● 効率が良いわけ

給水は，脱水槽の中央にあるシャワーパイプに注ぐ（**図 4.32**）。このパイプには，約 25 万個の微細な孔があり，注水された水は遠心力により洗濯する衣類に向かって強制的に通過し，洗剤分を素早くすすぐ。

すすぎと脱水性能を高めるために，脱水槽の孔を従来の 60 個から 380 個に増やした。

また、すすぎを効率よく行うために、「脱水」1分の後「休止」1分の繰り返し動作を行う。これを「間欠運転」と呼び、すすぎ効果を増す秘訣である。

従来の自動二槽式洗濯機と洗濯時間を比べると、同時進行型が2回の洗濯を終わる時間と、自動二槽式洗濯機が1回終わる時間がほぼ同じとなる（**図4.33**）。従来の洗濯行程では、すすぎは給水・かき混ぜ（洗濯）・排水を3回繰り返すので時間がかかる。

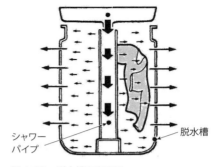

図4.32　脱水槽の原理図

これを脱水槽の中で、シャワー（給水）すすぎと脱水を続けると短時間ですむ。さらに、二つの槽で同時進行するので、短時間に効率のよい洗濯ができ大変合理的である。各社から、構造は異なるが同じ目的の洗濯機が次々と発売された。

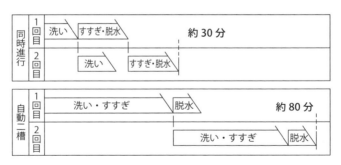

図4.33　洗濯行程の比較

● **定義づけと評価**

これら新しい「同時進行型」について、日本電機工業会とJISは次のように定義した。

1985（昭和60）年、日本電機工業会は「洗濯機テキスト」[14]の中で、

第4章 二槽式洗濯機と自動二槽式洗濯機

同時進行タイプの二槽式洗濯機について次のように解説している。
『この洗濯機は脱水槽ですすぎができるタイプです。この場合のすすぎ方式は，洗濯物に含まれた洗剤液を水と一緒に搾り出す脱水すすぎ方式です。

脱水槽で「すすぎ」→「脱水」しながら，同時に「洗い」ができるので，2～3回の洗濯が短時間に済ませることができます。このタイプには，自動で，洗濯槽で「給水─洗い」・「給水─洗い─すすぎ」・「給水─すすぎ」，脱水槽で「すすぎ─脱水」ができる自動二槽式洗濯機タイプが主流になっています。』（原文のまま）

1993（平成5）年，日本工業標準調査会で審議された電気洗濯機JIS C 9606 [15) では，脱水すすぎの定義を次のように定めた。『洗い行程を終えた洗濯物を遠心脱水かごに移し，水を脱水かごに注ぎ，洗濯物に残留している洗剤分をすすぎ水に溶解させた後，遠心脱水を行うことによって洗濯物から洗剤分を除去するすすぎ方式である。』

これに続いて「試験方法および順序，給水量，すすぎ比の算出」について詳細が記載されている。

国民生活センターの雑誌『たしかな目』（1981年1-2月号）[16) では自動二槽式洗濯機に注目して性能をテストした。『洗濯機市場は，まだ全自動洗濯機が主力になれない時期，この新しい自動二槽式洗濯機が先端

図4.34 「たしかな目」その他のテスト誌

商品として躍り出てきた』『手間のかからない全自動洗濯機に魅力は感じるが，洗剤液を1回きりで捨てるのはもったいないとか，槽が二つあるほうが時間の節約になるといった消費者の声にこたえて出てきたといわれる自動二槽式洗濯機』（原文のまま）。ほかの地方の消費者機関や共立女子大学のテストなどでも，繊維の中に水を通すこのシャワーすすぎ方式の「性能の優秀性と節水性」が認められた。（**図4.34**）

「一度着た衣類はすぐ洗う」「汚れ具合によって分け洗いをする」のが一般的となり，多くの家庭が一度に2〜3回の洗濯を続ける時代となった。同時進行型自動二槽式洗濯機は，まさに時代が求めた高効率洗濯機であった。

同時進行型自動二槽式洗濯機は，全自動洗濯機が大きく伸びる1995年（平成7）年ころまで，約30年間にわたり販売された。

4.5　国ごとに洗濯方式が異なる理由 [17]

国によって洗濯機の洗濯方式は異なる。当時，わが国の洗濯機は，ほぼ「渦巻式」であったが，アメリカでは「撹拌式」，欧州では「ドラム式」が主流であった。各々の洗濯方式の特徴を構造図ともに示し比較してみる。ただし，1979年時点の内容なので，現在と大きく異なる。例えば，洗濯容量は日本では2.0〜2.5kg，アメリカでは6.4〜8.2kg，欧州では4.5〜5.0kgであった（**表4.4**）。

● 渦巻式（日本）

パルセータ（羽根）が洗濯槽の底部にあり，約30秒ごとに自動反転し，強い水流で洗濯する（**図4.35**）。

　　長　　所：① 洗濯時間が5〜10分と短い，② 汚れがよく落ちる，
　　　　　　　③ 構造が簡単，軽量で小型，④ 安価である。
　　短　　所：① 布のよじれ，布傷みが起こりやすい。
　　渦巻式になった理由（国民性，風土など）：
　　　　① 高温多湿のため，汗をかきやすく衣類が汚れやすいので洗濯頻

第4章 二槽式洗濯機と自動二槽式洗濯機

度が増す。② 日本人が性急で，短時間に洗いたい。③ 日本人が清潔好きで，こまめに洗う。④ 分け洗いの家庭が多い。⑤ 価格の安い洗濯機を希望。⑥ 設置場所が狭く，大きさが限られる。

表4.4 地域別洗濯機の特徴（1979年調べ）

項目	日本（小型・軽量，低価格）		アメリカ	欧州
	渦巻式 （二槽式洗濯機）	渦巻式 （全自動洗濯機）	撹拌式	ドラム式
洗濯容量（表示）	2.0 kg	2.5 kg	6.4〜8.2 kg （実力80%）	4.5〜5.0 kg
製品重量	22 kg	30 kg	94 kg	80 kg
標準水量	30 L	33 L	71 L	15 L
洗濯時間（洗い）	5〜10分	5〜10分	20分	60分
洗濯時間（全工程）	25分	40分	44分	122分
洗剤量	40 g (20 g/kg)	44 g (17.6 g/kg)	18.8 g (18.8 g/kg)	4.2 g (4.2 g/kg)
脱水率（JIS木綿）	54%	53%	49%	51%
水質（硬度）	軟質（約50 ppm）		やや硬質	硬質 (200〜300 ppm)
水温	冷水		冷水	煮洗い（ヒータ付）
洗濯頻度	毎日（80%の主婦，高温多湿のため）		週一回	週一回
据付場所	洗面所		専用部屋 （地下室）	台所

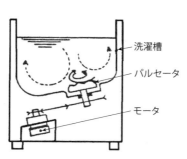

図4.35 渦巻式（日本）

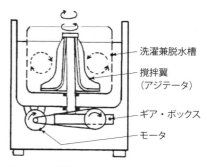

図4.36 撹拌式（アメリカ）

4.5 国ごとに洗濯方式が異なる理由

● 撹拌式（アメリカ）

撹拌翼が洗濯槽中央に垂直に取り付けられ，撹拌角度は約 180 〜 270°で，毎分 50 〜 70 回の往復回転で水流を作る（**図 4.36**）。

長　　所：① 布傷みが少ない。

短　　所：① 洗濯時間が 20 〜 30 分と長い，② 汚れが落ちにくい，③ 機構部が複雑で，大きく重い。④ 音が大きい。

撹拌式になった理由（国民性，風土など）：

① シーツ，カーテンなども洗うので，容量の大きい洗濯機が好まれる。② まとめ洗いや，洗濯日を決める習慣がある。③ 地下室など，洗濯機置き場が確保できるので，大きくても置けるのと音が気にならない。

1.3 に記載したように，水漏れを防止するために，底から円筒を立てた撹拌翼が生み出されるなど，各社が撹拌式の改良を重ねてきたという歴史があり，品質面で「撹拌式」が絶対だという信頼性が確立したことが大きい。また，洗濯途中でも部分洗いしたり，残っていた洗濯物を投げ込んだりできるのが便利だということも，当時主婦層に受け入れられた理由である（一般に，ドラム式では洗濯の途中にドアを開けられない）。

● ドラム式（欧州）

多数の小穴が開き，通常 3 か所のバッフル（突板）を備えたドラムが，略水平軸まわりで毎分 50 〜 70 回転し，洗濯物を持ち上げては，水面に落下させて洗う（**図 4.37**）。

長　　所：① 布傷みが少ない，② 使用水量，洗剤が少ない，③ 将来，乾燥までの完全自動化が可能。

短　　所：① 汚れが落ちにくい，② 湯と低発泡洗剤が必要，③ 洗濯時間が長い，④ 構造が複雑で重い，⑤ 脱水率が低い，⑥ 振動が大きい。

ドラム式になった理由（国民性，風土など）：

① シーツ，カーテンなども洗うので，容量の大きい洗濯機。② まとめ洗いや，洗濯日を決める習慣がある。③ 硬水なので，軟水剤

第4章 二槽式洗濯機と自動二槽式洗濯機

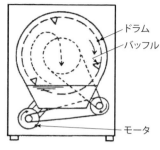

図4.37 ドラム式(欧州)

を使用する。③熱湯を使うので、少ない水で洗えるのがよい。

歴史的には、その昔から疫病がはやると必ず衣類を熱湯で消毒したという。また、欧州は硬水の国なので洗剤を泡立てるために湯を沸かす必要がある。そこで、洗濯水量の少ないドラム式が好まれた。いつからか、洗濯機置き場が台所の隅に定着し、近年はシステムキッチンの一枚板の下に組み込むのがデザイン的にもまとまるので、前面取り出しのフラットなドラム式がぴったりである。

このように、国や地域の生活習慣と、洗濯機の開発時の経過など技術の歴史が混ざり合って、それぞれ異なった構造が定着したものと考えられる。しかし、わが国でも後になってドラム式が台頭してきたように、絶対的なものではない。

《参考資料》
1) "Easy Spin Dryer" The American Home, 1949.10
2) "Washing machine" Consumer Reports, 1937.6
3) 『家庭電器知識普及シリーズ4 WASHER』(社)家庭電器文化会, p.25, 33, 1953.6.20
4) 近藤美雄「家庭洗濯機の歴史(3)」『洗濯の科学』p24, 1970
5) 大西正幸「洗濯機ものがたり 第16回」『住まいと電化』日本工業出版, pp.65-66, 2010.5.1
6) 『電気洗濯機開発史 家庭電化製品』(社)発明協会, pp.43-44, 1995.3
7) 「三菱洗濯機」三菱カタログ, 三菱電機(株), 1967
8) 「1966 東芝洗濯機 講習会テキスト」(株)東芝, pp.27-37, 1966

4.5　国ごとに洗濯方式が異なる理由

9)「東芝洗濯機　サービスハンドブック」(株) 東芝，pp.113-114，1969

10) 家電製品協会編『生活家電の基礎と製品技術（第 2 版）』NHK 出版，pp.269-274，2006.12.20

11)「おやすみ前にスイッチポン　夜の洗濯機」東芝カタログ，(株) 東芝，1969

12)「60 年度ランドリー FBL 商品ご説明」(株) 東芝，pp.11-13，1985

13)「東芝洗濯機カタログ シャワーリンス銀河」(株) 東芝，1980.4

14)「洗濯機テキスト」日本電機工業会，p.5，1985

15)「電気洗濯機 JIS C 9606 解説」日本工業標準調査会，日本規格協会，p4，1993.11.1

16)「自動二槽式洗濯機」『たしかな目』1-2，国民生活センター，pp.2-3，1981

17)「日米欧，洗濯機事情」『家電インフォメーション』東芝・消費者部，第 5 巻第 10 号，pp.4-11，1979.11.1

第 5 章　全自動洗濯機と衣類乾燥機

5.1　全自動洗濯機の誕生

　遠い昔から，洗濯機の究極の姿は全自動洗濯機であった。当初は，洗濯，すすぎ，脱水まで自動化された装置を「全自動洗濯機」と命名した。その後，乾燥機が開発され，洗濯，すすぎ，脱水，乾燥まで終えるのが，本当の全自動洗濯機だと気づいた。

　しかしながら，全自動洗濯機が普及するまでに長い時間が必要であった。

　洗濯機開発の歴史では，洗濯機と脱水機は別々に発明され商品化されてきたが，これらを同一軸に取り付けることが，全自動洗濯機への第一歩であったことがわかる。

● 全自動洗濯機はドラム式が先行した [1], [2]

　1937 年，アメリカのベンディックス社[1]が，現代のものに近いドラム式の全自動洗濯機（洗濯，すすぎ，脱水まで）を発売した（149.5 ドル）。ジョン・W・チェンバレン（Jhon W. Chemberlain）が発明（USP

---

[1] ベンディックス社（Bendix Home Appliances Inc.,）：1924 年，インディアナ州においてヴィンセント・ヒューゴ・ベンディックス（Vincent Hugo Bendix）により Bendix Corporation が設立された。この会社は，長年にわたりゼネラル・モータースの自動車ラインの側でブレーキシステムを製造・供給していた。1929 年，ベンディックスは，Bendix Aviation という別会社をつくり，航空機関連（エアクラフトの油圧機器など）の研究をはじめた。さらに，それまで関係のなかった企業（Judson S. Sayre が設立した）に 25％出資し，Bendix Home Appliances という社名にした。
1937 年，Bendix Home Appliances の技術者ジョン・W・チェンバレンが発明した「簡単な操作で，洗濯，すすぎ，遠心脱水する装置」を販売した。Bendix Home Appliances はアメリカでは大手の洗濯機メーカーとなるが，1950 年 Avco Manufacturing に売られ，さらに 1956 年 Philco Corporation に売られた。

第 5 章　全自動洗濯機と衣類乾燥機

2165884）したもので，汚れの種類によって洗濯行程（コース）や洗濯時間を選べた（**図 5.1**，**表 5.1**）。

　アメリカ初の衣類を前面から出し入れする方式で，「フロントローディング」と呼ばれた。衣類，水，洗剤を入れ，ドラムをゆっくり回転させて，衣類を自重で下にたたきつけて洗う方式である。水が漏れないように，ドアにパッキンをする必要がある。そのため洗濯の途中で衣類の出し入れはできない。使用する水の量と洗剤の量は少なくてよい。

　1936 年，設立されたばかりのコンシューマーズ・ユニオン（CU）（アメリカの消費者同盟）は，その年に販売された洗濯機 11 種をテストし，翌 1937 年にその結果を機関誌「コンシューマー・レポート」に発表した。しかし，1937 年に発売されたベンディックス自動洗濯機はこの中に含まれておらず，1940 年 3 月号の「コンシューマー・レポー

図 5.1　ベンディックス全自動洗濯機（S 型）

表 5.1　ベンディックス全自動洗濯機の仕様と CU の評価

項　目	詳　細	
主な仕様	型名：S 型	価格：149.50 ドル*
	寸法：25×23×35 in	
	洗濯容量：9 ポンド（4.05 kg）	水量：6 ガロン（27 リットル）
	洗濯時ドラム回転数：59 回/分	脱水時ドラム回転数：311 回/分
	洗濯サイクル：22〜36 分	
CU の評価	良好（Also Acceptable）：ゆるやかで着実な脱水装置付きである。 コメント：自動洗濯として使いよく，耐久性もよいが，洗濯時間が長い。 各社の中で性能は最高であるが，価格が高い。	
詳　細	洗濯性能良好だが，15 分間のひたし行程があり，やや洗濯時間が長い。 水温をサーモスタットでコントロールするなど，操作上は実質自動式である。 すすぎは，大変効果的である。　衣類の傷みは少ない。 振動を抑えるために，床にボルトで固定しなければならない。	

* 1940 年のアメリカ人平均月収：144 ドル

ト」誌ではじめてテスト結果が発表された。

このときの CU の評価は「ベスト・バイ」ではなかったものの，価格が高いこと，振動を抑えるために本体下部をボルトで固定する必要があることを除けば，実質上最高の洗濯機であるとのコメントであった。当時は，防振技術が進んでいなかった。

ベンディックス全自動洗濯機は，ダイヤルが「ひたし」(sork) コースと「洗濯」(wash) コースに分かれていて，15 分間のひたし行程が終わってから，洗濯行程を 5 〜 20 分から選ぶ。湯温は，「熱い」(hot) と「温かい」(warm) から選ぶ。

洗濯時間 10 分を選び，その行程が終わると自動的にポンプで排水されて，新しい水が給水され 1 回目のすすぎに入る。すすぎが終わると排水し，そのまま短い脱水をする。続いて 2 回目のすすぎ，排水，短い脱水。3 回目のすすぎ，排水の後は，やや長めの脱水となる。

ベンディックスは，汚れの種類によっては「ひたし」コースをお勧めするが，通常は「洗濯」コースのみで十分であるとしている。「ひたし」を除いても，総洗濯時間は 22 〜 36 分間かかる。

このような行程を行うために，自動タイマ，給水弁（水と湯の 2 口，サーモスタットで湯温を調整），水位スイッチ，排水ポンプなど現在に通じる電装部品が使われていた。この時期，他社の洗濯機は，ほとんど自動ローラ絞り機付きの撹拌式であり，ベンディックスのドラム式全自動洗濯機は技術面で一歩ぬきんでていた。

第 2 次世界大戦に入り，しばらく洗濯機の開発も途絶えたが，戦後 1947 年に S 型とデラックス型の全自動洗濯機を発売した（**図 5.2, 5.3**）。S 型はほぼ 1937 年版に近く，デラックス型は S 型と同じ機能で外観デザインが異なった（S 型：229.50 ドル，デラックス型：249.50 ドル）。なお，従来機種同様ボルトでの固定が必要であった。

ベンディックス社は，ドラム式全自動洗濯機の先駆者としてこの方式にこだわり続けたが，販売面では価格の安い自動ローラ絞り機付きの撹拌式洗濯機に押され，市場を奪われていく。販売不振の理由は価格のほかにいくつか考えられる。

第 5 章　全自動洗濯機と衣類乾燥機

図 5.2　ベンディックス 全自動洗濯機（デラックス型）

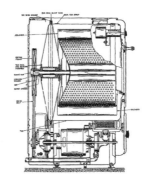

図 5.3　ベンディックス 全自動洗濯機の断面図

アメリカではアパートメントが増えていたが，本体を床にボルトで締める必要があるベンディックス洗濯機は，大家の許可が出ず購入できなかった。

また，ドラム式洗濯機は泡が出やすいので，低発泡洗剤を使用する必要がある。普通の洗剤を使うと，脱水時に泡の抵抗でドラムの回転にブレーキがかかり，モータが過熱するおそれがあった。さらに布傷みは少ないものの，ほかの方式に比べ洗濯時間が長かった。

CU の調査によれば，1940 年代のアメリカの主婦は，洗濯液を捨てずに 2 回，3 回と洗濯を続けたり，洗濯途中で見つけた靴下を放り込んだり，途中で止めて汚れがひどい箇所を手でもんだりできる撹拌式洗濯機を好んだようである。ベンディックス全自動洗濯機は，「フロントローディング」方式のため，このような作業ができなかった。

やがて，洗濯兼用脱水槽を備えた「トップローディング」方式の撹拌式全自動洗濯機の時代がやってきた。

● 撹拌式の全自動洗濯機の登場 [3]

1947 年にベンディックスが全自動洗濯機を発売すると，満を持して多くの企業が新しい洗濯機を発売した。市場がより便利な洗濯機を望んだことと，自動ローラ絞り機による怪我が多く，安全な遠心脱水機が求

5.1 全自動洗濯機の誕生

められたためである。1947年2月発表のCUによる洗濯機のテスト結果では，19機種のうちベンディックス2機種（S型，デラックス型）を除く，17機種すべてが自動ローラ絞り機付だった。当時，安全に脱水ができる洗濯機といえば，ベンディックスの全自動洗濯機であった。

同年10月，「自動洗濯機」（Automatic Washer）と題した，遠心脱水機を備えた4機種（二槽式を含む）のテスト結果が発表された（テストの実施は3月）。ここで初めて「全自動洗濯機」（Full Auto）と「セミ自動洗濯機」（Semi Auto）を定義づけしている。

「全自動洗濯機」は，人の手助けなく，洗い，すすぎ，排水，脱水などすべてが完了するまで行う機種（乾燥は含まれていない）。人は，洗濯物と洗剤を入れ，スタートスイッチをセットするだけである。

一方「セミ自動洗濯機」は，途中，衣類や水に触れることはないものの，各行程ごとにボタンを押す必要がある機種。

このテスト機種の中にウェスチングハウス（Westinghouse：WH）社の全自動洗濯機 Laundromat（愛称）があった（**図5.4**）。30度傾斜のドラム式全自動洗濯機でボルト締めの必要はなく，比較的よい評価であった。

1947年4月，GE社が全自動洗濯機（AW-6）を発売した（**図5.5, 5.6**）。洗濯兼用脱水槽を備え，上部から出し入れするトップローディングの撹拌式全自動洗濯機である。

図5.4 WH全自動洗濯機（B-3-47）

図5.5 GE全自動洗濯機（AW-6）

図5.6 GE全自動洗濯機（AW-6）の断面図

第 5 章　全自動洗濯機と衣類乾燥機

表 5.2　GE 全自動洗濯機の仕様と CU の評価

項　目	詳　細	
主な仕様	型名：AW-6 型	価格：349.75 ドル
	寸法（本体）：27×28×35 in	キャスター付き：36 in
	本体外箱：ホーロー仕上げ	洗濯槽：ホーロー磁器仕上げ
	洗濯容量：9 ポンド（約 4 kg）	総水量：40 ガロン（180 リットル）
CU の評価	良好（Acceptable）：全体的にほぼ A クラス相当。 コメント：洗濯性能良好だが，ひたしは洗濯に効果がない。給水量が多い。 他社（約 240 ドル）に比べ高価である。	
詳　細	脱水後の含水量は 36 %。 排水ポンプの動作音が大きい。最終ブレーキ音が大きい。 ディスペンサー内で，洗剤が十分溶解していないことがある。 ライフテストは問題なし。ねじ，金属部にさびが見られる。	

　この機種が，その後のアメリカの全自動洗濯機の流れを形成した。

　AW-6 は，内部機構全体をばねとゴムで受け，また脱水槽を厚い材料にしてバランスリングの役割をさせ，脱水時の振動を抑えることに成功した。したがって，ベンディックスのようにボルトで固定する必要がなく，キャスターなしか，キャスター 3 個付きで使用できる。AW-6 の初期スタイルは 1950 年まで続いた（**表 5.2**）。

● トップローディング VS フロントローディング

　1948 年 1 月，CU はフロントローディングのドラム式全自動洗濯機 2 機種と，トップローディングの撹拌式全自動洗濯機 2 機種の徹底的な比較結果を発表した。

　撹拌式は，洗濯槽の中心に撹拌翼（アジテータ）があり，左右に一定の角度で羽根を動かし衣類を撹拌する。撹拌翼を動かす機構（伝動リンク機構）は複雑である。水と衣類を強制的に撹拌するので，洗濯時間が短く洗浄効率は高いが，ドラム式に比べ衣類の傷みが早かった。

　GE 社のトップローディングの撹拌式全自動洗濯機以降，アメリカでは多くのメーカーが全自動洗濯機に参入したが，GE 方式のトップローディングが圧倒的に多かった。

表 5.3 トップローディング VS フロントローディング

比較項目	トップローディング	フロントローディング
US 市場	95 %	5 %
Europe 市場	10 %	90 %
商品価格	安い	高い
水の消費	多め	少なめ
電気代	多め	少なめ
洗剤料	多め	少なめ
脱水回転数 rpm	600～1200	800～1600
洗濯時間	短め	長め
ふた（ドア）のシール	なし	必要
出し入れ時	立ったまま	かがむ
途中の出し入れ	できる	できない

1949年9月，CU がベンディックスの新型洗濯機をテストした。

それはなんと低振動でボルト締めの必要のないトップローディングの撹拌式全自動洗濯機だった。フロントローディングのドラム式全自動洗濯機からの大転換である。しかし，テスト結果は「お奨めできない」レベルだった。

アメリカでは，全自動洗濯機はトップローディングの撹拌式が主流となり，市場の 90％以上を占めるようになった。（**表 5.3**）

5.2　わが国の全自動洗濯機 [4)]

戦後発売された撹拌式洗濯機は約 5 万円もし，一般の人に高嶺の花であった。そこで各社は，価格を抑えるため小型にし，しかも絞り機は別売りとした。

洗濯機の製造には，家電以外のメーカーも多数参入した。1950（昭和 25）年度の洗濯機生産は，前年の 5 倍（といっても 2 328 台）に達した。洗濯方式も，振動式，噴射対流式，超音波式，円筒回転式などさまざまなものが売り出された。そして遠心脱水装置付き洗濯機を経て，洗濯，すすぎ，脱水までを自動で行う全自動洗濯機が登場した。

第5章　全自動洗濯機と衣類乾燥機

● 遠心脱水装置付き洗濯機[5]

1955（昭和30）年，東芝が二重槽の渦巻一槽式の遠心脱水装置付き洗濯機（VF-3）を開発した（**図5.7**）。桶という外槽とバスケット（洗濯兼脱水槽）の二重構造で，上の四隅からばねで吊り下げている。下からは，4本の板ばねの先端にゴム盤をつけて，桶を弾力的に押えている（**図5.8**）。

洗濯時にはバスケットは固定され，パルセータ（羽根）のみ回転する。脱水時は，バスケットとパルセータは同時に回転する。これらの動作は，桶の下に内蔵したクラッチとブレーキを"操作パネルのツマミで切り替える"しくみである（手動）。

図5.7 東芝 遠心脱水装置付き洗濯機（VF-3）

洗濯時は左回り，脱水時は右回りでそれぞれ毎分570回転である。脱水時は，無数に穴が開いたバスケットが高速回転する。この遠心脱水装置付き（渦巻一槽式）洗濯機は，その後1960（昭和35）年に松下からN-1100が，1963（昭和38）年に日立からSC-PT1が発売され，後の渦巻式全自動洗濯機につながった。

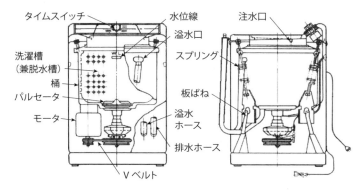

図5.8 東芝 遠心脱水装置付き洗濯機（VF-3）の構造

5.2 わが国の全自動洗濯機

● **日本初の全自動洗濯機**

1956（昭和31）年8月，東芝がわが国初の全自動洗濯機（DA-6）を発売した（**図5.9**，**5.10**）。DA-6は30度傾斜ドラム方式で，渦巻式の一槽式洗濯機の定価が2万円台のときに8万3000円もした。当時，学卒者の初任給は1万3000円ほどであった。

図5.9 東芝 ドラム式全自動洗濯機（DA-6）

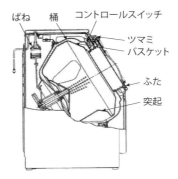

図5.10 東芝 ドラム式全自動洗濯機（DA-6）の構造

DA-6は驚くことに，現在のドラム式全自動洗濯機と全く同じ構造である。構造図の説明では，突起（現在でいう「バッフル」）が3枚あり，ドラムが水平の円筒回転式よりも洗浄力はよかったという。あまりに高価であるため売れ行きが悪く，わずか1年4か月で生産中止となった。

1946（昭和21）年，アメリカの「コンシューマー・レポート」誌に掲載されていたWH社の"Laundromat"という愛称の洗濯機が傾斜ドラム式の全自動洗濯機であった（**図5.4**参照）。

1961（昭和36）年，日立から撹拌式の全自動洗濯機（SC-AT1）[6]）が発売された。洗濯容量2kgで，定価は7万8000円であった（**図5.11**，**5.12**）。

1963（昭和38）年，東芝からも撹拌式の全自動洗濯機（AW-2010）が，そして1965（昭和40）年，松下から上下動式の全自動洗濯機（N-7000）が発売された。各社とも構造から見るかぎり，アメリカの撹拌式全自動洗濯機をそのまま取り入れたと思われる。

第 5 章　全自動洗濯機と衣類乾燥機

図 5.11　日立 撹拌式全自動洗濯機（SC-AT1）

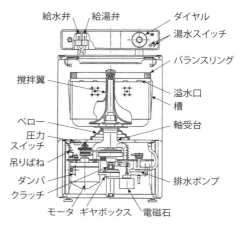

図 5.12　日立 撹拌式全自動洗濯機（SC-AT1）の構造

　以上のように，わが国の全自動式洗濯機は，1965（昭和 40）年ころまで，先行するアメリカ製品を追いかける時代が続いた。

● 渦巻式の全自動洗濯機[7]

　1965（昭和 40）年，日立がはじめて渦巻式全自動洗濯機（PF-500）を発売した（**図 5.13，5.14**）。それまで，定価で約 8 万円前後であったものが 5 万 3 000 円に下がった。全自動洗濯機においても，撹拌式よりも渦巻式のほうが安価に製造できた。しかし，当時の学卒者の初任給は 2 万 4 000 円ほどであったので，まだまだ高価であることには変わりはない。

　また，洗濯容量は撹拌式 2.0 kg に対し，渦巻式は 1.5 kg と小さかった。撹拌式が幅 60 cm × 奥行き 60 cm × 高さ 97.3 cm，重量 85 kg に対し，渦巻式は 50 cm × 50 cm × 92.8 cm，重量 45 kg と小型化，軽量化を実現した。日本の住環境を考えると，これは画期的なことであった。

　洗濯機の置き場所も定まっていない日本の家屋では，大きくて重い撹拌式全自動洗濯機は設置できない。それに対し，新型の渦巻式洗濯機なら脱衣室でも置ける。

5.2 わが国の全自動洗濯機

図 5.13 日立 渦巻式全自動洗濯機（PF-500）

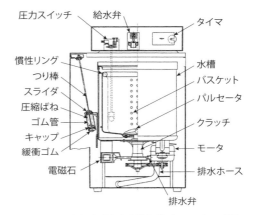

図 5.14 日立 渦巻式全自動洗濯機（PF-500）の構造

　その後，1966（昭和41）年に三洋（SW-500），1968（昭和43）年に東芝（AW-2000），1969（昭和44）年に三菱（AW-3200）が渦巻式全自動洗濯機を発売した。1970（昭和45）年ころから，「日本で全自動洗濯機といえば渦巻式」の時代となった。

● 渦巻式全自動洗濯機の構造

　渦巻式になってから，わが国の洗濯機設計技術も向上し，日本独自の設計ができるようになった。渦巻式の構造におけるの特徴は，第一に，アンバランスに対する防振構造，第二に，優れたクラッチとブレーキ構造，第三に，ホース継ぎ手や排水ホースの工夫にあった。

〔防振構造〕

　渦巻式洗濯方式は，洗浄性能は優れているが，撹拌式洗濯方式に比べ衣類の絡まりが多い。この結果，脱水時に大きなアンバランスが起こる場合があった。水を含んだ衣類が，バスケット（内槽：洗濯兼脱水槽）内で均一に分布しにくいのである。アンバランスが大きい状態で脱水がはじまると，内部の装置（内槽，外槽，機構部など）が大きく揺れて，

外箱と衝突し損傷を起こし，運転不能になることがある。

　渦巻式全自動洗濯機は，洗濯物のバランスが崩れても異常事態にならないように次のような工夫がされていた（**図 5.15**）。

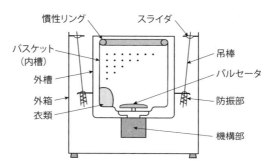

図 5.15　渦巻式全自動洗濯機の概略図

◎ 内部装置は，4 隅からばねを介して吊棒で吊り下げる。吊り下げる位置は，重心よりやや上にある。
◎ 吊棒の両端には，球形状のスライダ（ナイロン製）を使用し，摩擦抵抗により横方向の減衰を行う。
◎ 吊棒下端には，ばねを支えるケース内に圧接するようにシールゴムをセットする（**図 5.16**）。これが角変位の減衰に役立つ。

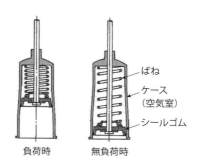

図 5.16　吊棒下端の防振部

◎ バスケットには，6 kg の慣性リング（後に固体バランサと呼ぶ）を取り付けた。コマの錘（おもり）と同じ理屈である。衣類が多少偏っていても，フライホイール効果でバランスを保つ原理を応用している。

◎ 最悪の場合を想定し，一定以上のアンバランスが生じたときには電源を切る安全スイッチがある。安全スイッチが動作すると，衣類のバランスを直してもう一度脱水する。

〚**クラッチとブレーキ構造**〛[8]

撹拌式では，撹拌翼を約 220 度反転させるので，ギア（ラックとピニオン）装置で動作する。渦巻式では，パルセータ（羽根）を一定の時間右回転させ，次に反転して左回転させる。洗濯時は，パルセータの回転の影響を受けずに内槽を固定し，脱水時は，パルセータと内槽を同時に回転させる必要がある。

このため，渦巻式全自動洗濯機では，国内で初めてスプリング・クラッチ[9), 10) 2]が採用された（**図 5.17**）。アメリカでは，スプリング・クラッ

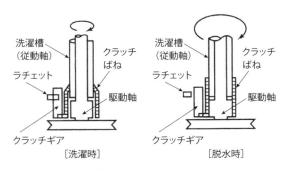

図 5.17 スプリング・クラッチの原理図

---

[2] スプリング・クラッチ（spring clutch）：動力を伝え，また切り離しが自在にできる装置をクラッチという。スプリング・クラッチは，動力を伝えたいシャフトの径より，スプリングの内径をやや小さく成形しておく。動力を伝えるときはスプリングの巻きつく性質を利用し，一瞬のうちに動力側と被動力側を一体化し，切り離すときはスプリングの先端をとめることで，内径が若干大きくなり動力は途切れる。通常の円盤と円盤を当てるクラッチ方式に対し，小型で確実な動力切替えができる。しかし，各部品の高い硬度と精度が要求される。

チは早い時期に実用化されていた。

クラッチは，排水弁を動作させる電磁石の動作と連動している。当初ブレーキ方式は各社各様であったが，ある時期からブレーキバンド方式に変わった。

「洗い」時，「すすぎ」時はブレーキがかかった状態（ラチェットがギアの先端を留める）で，洗濯槽は固定される。「脱水」時は，排水弁を開く（ラチェットが外れる）と同時にブレーキバンドにレバーがかかり，ブレーキが解除される。すると洗濯兼用の脱水槽は，パルセータとともに回転をはじめる。

〚ホース継ぎ手と排水ホース〛

家庭の蛇口が少ない時代だったので，洗濯機が蛇口を独占すると困った。そこで，取り付け取り外しがワンタッチでできるホース継ぎ手が開発された（**図 5.18**）。洗濯しないときは簡単にホースを外せ，手洗いなどほかの用途に使えるようにした。

また，洗濯機を設置したら，排水口が排水ホースの反対側にあったなどといったことが起こらないように，洗濯機本体の左右どちらからでも排水ホースを出せるようにした。

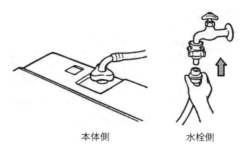

図 5.18 ホース継ぎ手

5.3 全自動洗濯機のしくみ

● **全自動洗濯機における洗濯行程**

全自動洗濯機が売り出された 1960 年代のキャッチフレーズは，

『奥様は洗濯から，すべて開放されました』

『すべてが自動ではかどる夢の洗濯機』

『スイッチを一度入れるだけ。給水→洗い→すすぎ→排水→脱水→停止のすべてが自動でできます。』

などであった。当時のカタログに，洗濯行程の基本動作が丁寧に説明されている（**図 5.19**）。

ダイヤルを回してください・・・それだけです。後は・・・すべて自動的に行います。

① 給水：自動タイマの洗濯時間を決めて押せば，給水が始まり一定水量になると自動的に止まります。水があふれることはありません。

② 洗い：タイマのダイヤルをまわし，時間を設定し押します。設定された時間，撹拌します。洗剤との相互作用で衣類の汚れを落とします。泡立ちしている状態で，自動排水します。

③ すすぎ（1）：給水が始まります。洗濯槽の水位線まで水がたまると

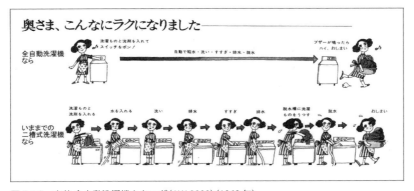

図 5.19 東芝 全自動洗濯機カタログ（AW-2000）（1968 年）

給水を続けながら撹拌します。洗濯槽の水位線より少し上の位置にオーバーフロー用の溢水口があり，泡（洗剤分）を含んだ水を溢水ホースから排出します。これを「オーバーフローすすぎ」といいます。一定時間（通常数分）後，給水や撹拌を停止し排水します。機種によっては，この時点で給水しながら脱水します。洗剤を含んだ水分を早く排出するためです。これを「給水脱水」，あるいは「注水脱水」といいます。

④ すすぎ（2）：再び給水が始まり，すすぎ動作をします。オーバーフローを略する機種もあります。最後に排水してすすぎが終わります。（すすぎを3回行う機種もあります。）

⑤ 脱水：脱水行程に入ります。回転力が増すにしたがって，洗濯物は遠心力で槽の底周囲に張り付きます。高速回転のため，本体の振動と脱水音（水切り音と回転音）がします。

⑥ 停止：一定時間後に脱水が終わると，電源が切れてブレーキが働き自動停止します。通常は10秒以下で止まります。

● **自動動作する部品のしくみ**

一槽式洗濯機や二槽式洗濯機では，主な電装部品はモータとタイマしか付いていなかった。ところが全自動洗濯機では，新しい機能を実行するための電装部品が増えた（**図5.20**）。

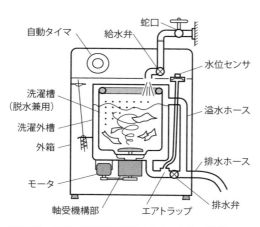

図5.20 全自動洗濯機の配管図（1970年代の構造）

〚**タイマ**〛

当初のタイマは，複数のカム（運動の方向を変える機械要素）をモータで回転させ，各電装部品を機械的に入

(ON)—切(OFF)させた。各行程ごとにあらかじめ決められた時間に，各部品が動作するようにカムで指示する。

〖給水弁〗

水道蛇口から給水ホースが製品本体の給水弁に直結している。水道蛇口を開いておき，タイマが指示する(ON)と洗濯槽に給水し，決められた水位まで達すると水位センサの働きで給水が止まる(OFF)。

〖排水弁〗

洗濯槽下部に配置され，「洗い」のときは閉じ，「排水」「脱水」のときは開いて排水する。排水弁の動作は当初は電磁石で開閉したが，動作音が大きく，1988(昭和63)年ごろからモータ駆動方式に変わった。それ以降，グンと静かになった(**図5.21**)。

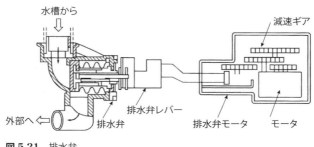

図5.21 排水弁

〖水位センサ〗

水位センサは通常本体上部のパネル近辺に設置され，洗濯外槽に設けたエアトラップ(空気圧の検知)とチューブでつながっている。給水により，洗濯槽(および洗濯外槽)の水位が上がるにつれて，エアトラップ内の空気に圧力がかかる。当初のものは，水位センサの中のダイヤフラム(薄いゴムの円盤)の動きでスイッチを直接動作させた。これにより給水弁を閉じる。現在では，ダイヤフラムに取り付けたフェライトコ

ア（高周波吸収フィルタ）が，コイルの中を横切ることにより水位を検知する（**図 5.22**）。

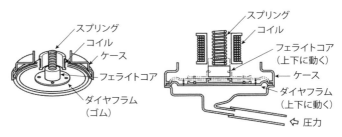

図 5.22 電子水位センサ

〚モータ〛

モータは，通常，洗濯外槽の下部の中央にある機構部の横に取り付けてある。動力は，ベルトを介して伝える。初期の全自動洗濯機では，プーリ比を変えて回転数を落とし，力を拡大して使用した。最近の機種でDD（ダイレクトドライブ）モータを使う場合は，モータが洗濯外槽の下部中心にある。

〚ふたスイッチ兼安全装置〛

通常は，本体上面にあるふたを開いたときに，電源スイッチを切る（OFF）。とくに，脱水運転中は危ないので，開くと即モータの電源を切ると同時に，機構部にあるブレーキも瞬時に働かせる。

さらに，脱水運転に入ったとき，洗濯物が偏りすぎていた場合，振動が大きくなり，洗濯外槽がふたスイッチの下方に伸びたレバーに当たると，直ちに電源を切る安全装置となる（OFF）。この場合は，洗濯物の

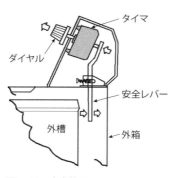

図 5.23 安全装置

バランスをとって再度脱水行程に入る。

なお，初期の安全装置は，メカタイマの主軸を後部から押し，タイマ内蔵のスイッチを切る方式であった（図5.23）。

〖軸受機構部〗

軸受機構部（図5.24）は，洗濯槽および洗濯外槽を支える軸の軸受けとしての大事な役目があり，「洗濯」「すすぎ」「脱水」の各行程の変化に応じて軸の動作を切り替えるクラッチやブレーキを包含している。

軸受けとしての大事な部品は，力を受けるボールベアリングと，水を封じるウォーターシールが組み込まれている。クラッチとブレーキの働きについては上述した。(p.93~94)

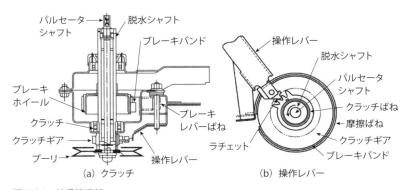

図5.24 軸受機構部

全自動洗濯機の歴史は，電装部品やその他の機能部品の進化とともに歩んだ歴史である。これら部品の性能，コストなどが全自動洗濯機の普及に大きな影響を及ぼしてきた。

5.4　マイコンとセンサの力

一槽式洗濯機に続いて二槽式洗濯機が普及し，生活環境が徐々に変わるなかで，1965～70年代にかけて渦巻式の全自動洗濯機が各社から

発売された。

　洗濯機の使い手である主婦も，開発側の企業も，そのうち洗濯機は全自動洗濯機が主流になるとの予感があったが，実際にはなかなか進まなかった。

　それは，① 全自動洗濯機の値段が高い（二槽式洗濯機の2倍以上），② 音・振動が気になる，③ 二槽式洗濯機のほうが使いやすい（全自動洗濯機は「分け洗いができない」「洗剤液を2度使えない」「使用水量が多い」などの不満があった），などの理由であった。

　1970年代より，各社そろってPRするもののなかなか販売が伸びず，1980年代半ばまでは年間販売量が100万台に届かない年が続いた。この間，全自動洗濯機をより使いやすくする機能が順次開発された。

　その第一の要がマイコン制御である。優れたセンサが開発されて，洗濯容量を自動測定し，そのデータから水の量や洗剤の量を決めるなど，全自動洗濯機を次のステップに導いた。

● **メカからマイコンへ** [11]

　わが国では，1970年代に入ると半導体が家庭用機器に組み込まれるようになった。これが家電商品の電子化のはじまりである。洗濯機の洗濯プログラムの制御にも半導体が応用されはじめた。

　1971（昭和46）年，松下（現パナソニック）から「コンピュータ・サイクル」，1975（昭和50）年，日立から「コンピュータ青空」という名の全自動洗濯機が発売された。トランジスタやダイオードを1チップに集約したLSIを内蔵し，これまでのメカニカルなカムとギアのタイマは，ボタンタッチで好みの洗濯コース（汚れのひどいもの，普通，汚れの少ないものなど）が選べる。表示は，発光ダイオードになり，わかりやすい。

　1979年（昭和54）年，東芝がマイコン制御の全自動洗濯機（AW-8800）「コンピュータ銀河」を開発した（**図 5.25**）。マイコンが「容量センサ」「汚れセンサ」などと結びついて，① 洗濯物の量，繊維の種類，汚れに応じた洗い方，すすぎ方を自動制御できるようになった。② 洗濯

物のすすぎ状態に応じて、すすぎ時間やすすぎ回数を自動検知・制御し、節水を促進する。これまで洗濯水流、すすぎ水流の強さなどは、マニュアルで選んでおり、洗濯量の多い少ないに関係なかったが、あらゆる状況を自動検知し、最適化するので節水、節電、節時間となった。③ 繊維の種類に応じて、脱水回転数を変える。その他、脱水時衣類が偏りすぎたときには、アンバランス状態の自動補正をする。水あふれ報知や、モータの異常報知なども備えた。

図 5.25 東芝 全自動洗濯機 (AW-8800)

洗濯コースは、「ワンタッチ選択コース」と「ツータッチ選択コース」があり、「ワンタッチ選択コース」は、洗濯物の種類や量、および汚れ具合に応じて、自動で最適洗濯ができる。通常はこのコースですべて自動制御される。「ツータッチ選択コース」は、操作の簡素化を図り、ツータッチで好みの 26 とおりのコースが選択できる。

また、プログラム行程の表示があり、いま、どの行程を動作中であるか LED で点滅して知らせる。

● **センサの原理と働き**[12]

マイコンは、当時としては大容量の ROM8 ビットと RAM4 ビットを組み合わせた。ROM は、記録されたメインプログラムの各行程を、RAM はタイマとして順次行程を進め、負荷を制御する。

すべてお任せのワンタッチコースと、繊維の種類や汚れ具合で「普通のもの」「ワイシャツ類」「デリケートなもの」と、「標準」「節約」を選べば、後はすべて自動で判断しながら行程を進める（**図 5.26**）。

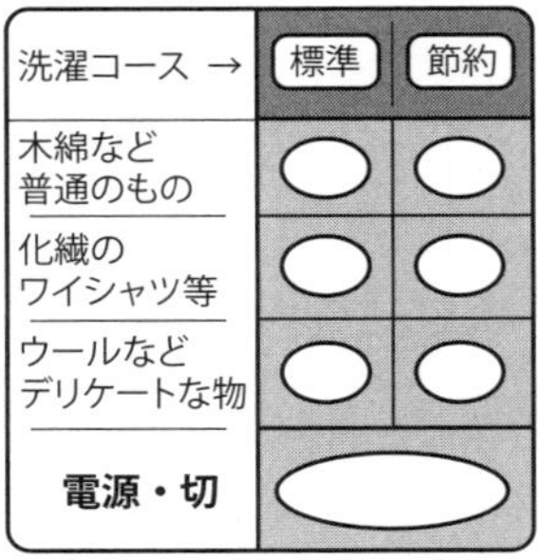

① 容量センサ：洗濯物の容量は、回転

図 5.26 プログラム・ボタン

検知により測定する。洗濯物の量や布質により，パルセータに負荷がかかり，回転数が変化する。とくにスタート時の回転数は変化が大きく，一定時間における回転数の平均値で検知する。当初の商品は，回転数をモータプーリと近接スイッチでON，OFFさせマイコンがカウントしたが，その後モータから直接回転数（電圧）を検知するようになった（図5.27）。

② 汚れセンサ（後に「光センサ」と命名される）：すすぎ検知は，すすぎ液の光の透過率を発光ダイオードとフォトトランジスタを使って電圧に変換し，すすぎ状態を確認する（図5.28）。すすぎ状態がよくない場合は，もう一度すすぎを繰り返すなど自動で行う。

③ アンバランス自動補正：もし，衣類のバランスが洗濯機の想定以上に崩れるとこれを検知し，もう一度給水→すすぎを繰り返し，衣類の偏りを補正する。

④ 脱水制御装置：繊維の種類に応じ，脱水回転の強さを変える。木綿類は「強脱水」で絞り，化繊のワイシャツやデリケートな衣類は「弱脱水」で絞る。

ここで開発されたマイコンとセンサの働きにより，よりきめ細かく作動するようになった。

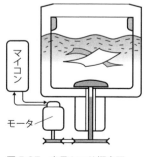

図5.27　容量センサ概念図

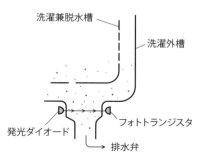

図5.28　容量センサ概念図

● 洗剤自動投入器

全自動洗濯機の普及につれて，洗剤を毎回投入する手間も省きたいという考えが出てきた。

1985（昭和 60）年，日立がはじめて「液体洗剤」の自動投入器を搭載した全自動洗濯機（KW-46X）を発売した。操作パネル上部に横長の容器を備え洗剤 2.3L が入り，約 1 か月分（約 40 回）の手間を省く。キャッチコピーは，『センサが洗濯物を計って　水も洗剤もぴったりお洗濯』で，ムダを抑えることを強調した。ただ，液体洗剤は，1973（昭和 48）年に発売され，続いて 1976（昭和 51）年に成分を変え再発売となっていたが，主婦層が使い慣れてなく，ほとんど普及していなかった。

1987（昭和 62）年 5 月，東芝がはじめて「粉末洗剤」の自動投入器を搭載した全自動洗濯機（AW-SX810）を発売した（図 5.29）。やはり，操作パネル上部に粉末洗剤を入れる横長の容器を備え，約 2 週間分（約 15 回）の手間を省く。このころまでの粉末洗剤は 1 回の投入量が多く（約 57 g），容器にストックできる洗剤量も限られた。

図 5.29　東芝 洗剤自動投入器付き全自動洗濯機（AW-SX810）

ところが，洗濯機を発売した同じ 5 月に，花王がコンパクト（濃縮）洗剤「アタック」を発売した。アタックは，それまでの粉末洗剤の約 4 分の 1 の体積であった。東芝は，すぐにどちらの洗剤にも対応できる部品を準備し，市場の混乱を鎮めた。洗剤業界における「アタック」の影響は大きく，1 年後にはほとんどの洗剤企業がこの濃縮タイプを発売した。

翌 1988（昭和 63）年 5 月に，松下も「粉末洗剤」の自動投入器を搭載した全自動洗濯機（NA-F42X1）を発売した。

洗剤自動投入器は，左下に小型モータがあり，ゆっくりと送りばねを回す。このばねの回転につれて洗剤が右下に押し出される。同時に，

第 5 章　全自動洗濯機と衣類乾燥機

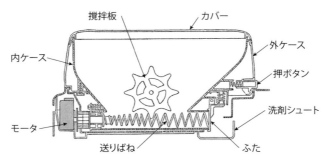

図 5.30　洗剤自動投入器の構造

ばねの上にある撹拌板を回し，洗剤の塊を撹拌する仕掛けである。（**図 5.30**）

　洗剤自動投入器付き全自動洗濯機は，1996（平成 8）年に超コンパクト洗剤が発売されるなどの変化を経て，2002（平成 14）年 5 月ごろまで発売された。2000（平成 12）年に入ると，洗濯物に応じた洗剤や漂白剤，ソフト仕上げ剤などをきめ細かく使い分けるようになってきた。

　一方で，天然油脂の粉石けんを使用するなど，あらゆる場面に対応するために，洗剤ケースは複数の仕切りや 2 枚重ねで使い分ける。また，優れた液体合成洗剤，液体中性洗剤が普及し，2010（平成 22）年末には粉末洗剤と液体洗剤は拮抗するようになった。このような衣類へのこだわりと洗剤などの多様化には，洗剤自働投入器では対応できなくなったのである。

● **ファジィ理論の応用** [13), 14)]

　マイコンの容量は時代とともに増大し，価格は下がっていった。それとともに，マイコンを搭載した多くの家電製品の使い勝手がどんどん便利になっていった。

　1987（昭和 62）年ころから，それまで伸び悩んでいた全自動洗濯機の販売量が伸びだした。

　理由として，次の 3 つが考えられる。

① 全自動洗濯機の性能・品質の向上（容量や汚れに合った洗濯をしたい）
② 全自動洗濯機の大容量化（まとめて1回で洗いたい）
③ 共働きの増加と家事の合理化指向（洗濯に時間をとられたくない）

そこへ「ファジィ理論」[3]が注目され，多くの機器に採用された。

1990（平成2）年2月に松下（現パナソニック）がNA-F50YAを発売した。それに続き，各社は数か月ごとに「ファジィ制御」の全自動洗濯機を発売した。

このようにすばやくファジィ技術が応用できたのは，洗濯機にマイコンが搭載されて10年以上たち，半導体の大容量化，低価格化によりセンサ技術が発達し，容量や汚れなどの無数の条件を自動判別できるようになっていたためである。例えば「容量センサ」と「汚れセンサ」は，次のように進化した。

容量センサ：① 布量検知：洗濯を開始するにあたり，給水し一定の水量でいったん止め，モータを一定時間回して止め，このときの布抵抗として現れる逆起電力を測定する。測定方法は，モータに取り付けたコンデンサの両端子の電圧波形をパルス変換してその減衰時間を計測して求める。この布量に合った水位まで給水する（**図5.31**）。

② 布質検知：布量に合った水量で一定時間運転し，布抵

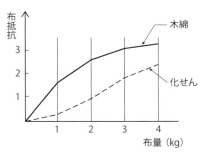

図5.31 布量センサ

---

[3] ファジィ理論（Fuzzy Theory, Fuzzy Logic）：「あいまい理論」ともよばれ，1965（昭和40）年にカリフォルニア大学，バークレー校の教授 Lotfali Askar-Zadeh が，"Fuzzy sets"という論文で提唱した。「あいまいさ」を厳密に扱えるようにした画期的な学問であるが，当初欧米では受け入れられなかった。
日本では，1980（昭和55）年ころからこの理論に注目する研究者も現れ，最初の応用としては1987（昭和62）年7月に，仙台市の地下鉄南北線16駅間でファジィ自動運転システムをスタートした。

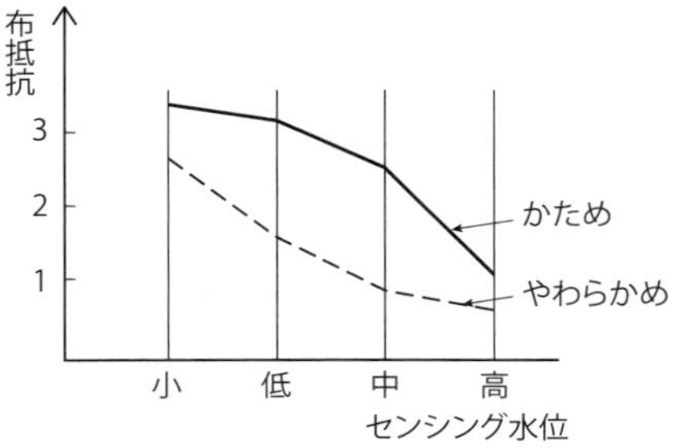

図 5.32　布質センサ

抗を測定すると，布質が柔らかめか，かため（ごわごわ）か判定できる。それにより水流の強弱や洗濯時間を決めて洗濯行程に入る。(**図 5.32**)

汚れセンサ：① 汚れの程度（ひどい汚れか，軽い汚れか）：光センサを時間の経過ごとにチェックすると，光の透過度が悪いのは「ひどい汚れ」である。また，透過度が良いのは「軽い汚れ」である（**図 5.33**)。② 汚れの質（油汚れか，泥汚れか）：光センサを時間の経過ごとにチェックしたとき，時間の経過により透過度が安定するのに時間がかかるのは「油汚れ」，早く安定するのが「泥汚れ」である。これらの結果に基づいて，洗剤の量や，洗濯時間を決めていく（**図 5.34**)。

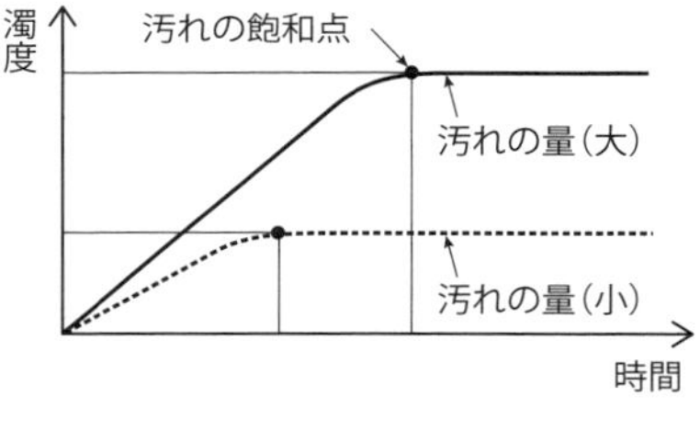

図 5.33　汚れの程度を読み取る

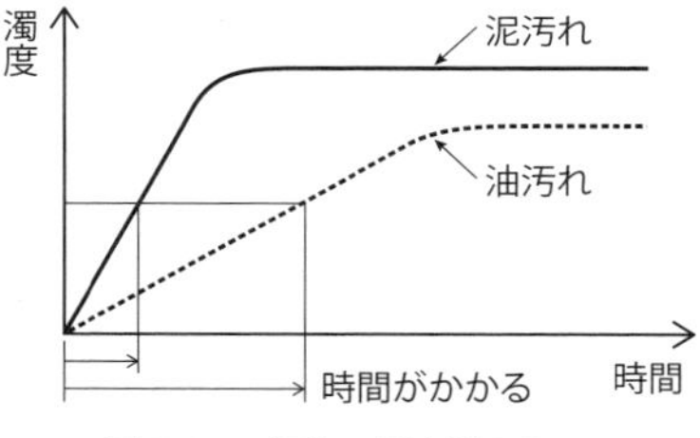

図 5.34　汚れの質を読み取る

[4] ニューロ・ファジィ（Newro Fuzzy)：ニューロは，ニューラルネットワークの略である。1943 年にマキュロー（McCulloch-Pitts）により考案されたニューロンモデルが最初で，1982 年ころに大きな関心が集まった。
ニューロとは「神経」という意味で，人間の脳の神経細胞の働きを真似た構造を持つコンピュータ技術をいい，人間の脳のように知識や学習や記憶，そして複雑な情報から的確な判断ができる技術である。
ニューロ・ファジィは，二つの技術を融合させて，複雑な情報を見分けて最適な洗い方を判断する。
洗濯工程中もチェックによる「補正」を行い，洗浄結果からその家庭の条件を「学習」し次回以降に補正を加えることができる。

ほかにも，温度センサが水温，季節を検知し，それにふさわしい洗濯時間や脱水時間を決めるなど「マイコンとセンサ」により，洗濯条件の大部分を最適化する。

このように家電の世界では，洗濯機にはじまりエアコン，電子レンジ，掃除機，炊飯器，ホットカーペット，コーヒーメーカなど，マイコン搭載商品はすべてファジィ制御を採用した。

1991（平成3）年には「ニューロ・ファジィ」[4]とさらに続くが，日本全土でバブル崩壊が進むなか，1993年末にファジィブームは去った。

5.5 静音化の実現

1985（昭和60）年から1990（平成2）年にかけて，全自動洗濯機の販売数はグングン伸びていった。共働き世帯が増え，家事の省力化が求められはじめた。多くの家庭では，全自動洗濯機のおかげで家事の量が減って助かった。また，共働きにより，早朝や夜にしか洗濯ができないため，「振動・騒音対策」が強く望まれるようになった。しかし，「インパクトを与えるだけの静音化の実現」までには，時間が必要であった。

● バランスリングの役割

全自動洗濯機は，給水—洗濯—すすぎ—脱水—排水まで自動で行うために，洗濯槽がそのまま脱水槽として機能しなければならない。ところが，洗濯終了時の衣類は洗濯槽の中心から偏っており，さらに脱水をはじめるとなお一層偏る傾向がある。とくに，衣類の種類や量によっては，洗濯中に絡まり，脱水時の偏りの原因となる。すると，ひどいときは脱水槽の回転が上昇せず，挙句の果てに内槽部全体がみそすり運動を起して外箱に当たり，安全スイッチが切れて止まる。これは，脱水時の回転運動に対し，共振点を通過できないことを意味する。

全自動洗濯機が開発されて以来，名前は「全自動」なのに時として止まることがあった。取扱説明書には必ず「運転が途中で止まることがあります。その場合は，洗濯物の偏りを直して再び脱水を行ってください」

第5章　全自動洗濯機と衣類乾燥機

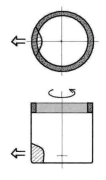

図5.35　固体バランサの原理図

と注意書きしてある。

　設計者は，衣類の種類や量を変えて数百回もの自動洗濯を繰り返し「安全スイッチが切れる回数」を確認し，各社なりの基準を超えることのないように振動系の改良を繰り返した。

　そこで，新しい方法を考え出した。もし，万一脱水運転が止まってしまったときは，洗濯機自身でもう一度給水しパルセータ（羽根）で撹拌し，脱水行程を繰り返すことにした。この動作が入ることにより途中の停止はなくなり，全自動洗濯機がほぼ「真の全自動洗濯機」となったのである。

　さらに，時代が進むにつれてパルセータは大型化し，ゆっくり回転させ，しかも反転を早めた。これにより，衣類と衣類の絡まりが減り，偏りが少なくなってきた。

　全自動洗濯機には，振動・騒音や，動作不能になるのを防ぐために，槽の上部に重い「固体バランサ」を取り付けてあった。いわば，コマの輪（金属の丸い錘）のようなフライホイールの役目をする（5.2参照）。

　当初は，洗濯物が偏ってもその偏りを無視できるほど重い洗濯槽（脱水兼用）と固体バランサ（鉄製のリング約6 kg，洗濯機の大型化につれて重さも増した）を備えていた。後に，生産効率を向上させるためにプラスチック製の円形の溝に，コンクリートを流し込んで固める方式となった。これにより，支持構造や外箱などは強靱なものを使用しなければならなかった。

● 液体バランサ[15]のしくみ

　1975（昭和50）年，世界初となる液体（流体）バランサ（**図5.36**）を搭載した全自動洗濯機が三洋（SW-8000）（**図5.37**）とシャープ（ES-9000）から発売された。外観的にはなにも変わっていないが，全自動洗濯機の静音化と軽量化において画期的な技術であった。この液体バランサは，コンクリートなどの固体バランサの代わりに，少量の液体を封入

5.5 静音化の実現

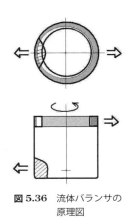

図 5.36 流体バランサの原理図

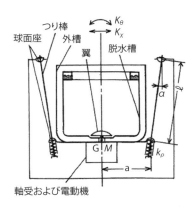

図 5.37 三洋 全自動洗濯機（SW-8000）の構造図

したのである。

洗濯が終わると偏りが生じ，脱水槽が回転をはじめると，全体が大きく触れ回り運動を行い，毎分 180 ～ 200 回転で共振点に達し最大振幅を発生し，定常回転の毎分約 850 回転に至る。

回転をはじめると液は立ち上がり，共振点を過ぎると，**図 5.36** のように，洗濯物の偏心箇所の反対側に集まり，バランスを保とうとする。しかし，環内に液を入れただけでは，液が環内を動き最適バランスから外れるので，いくらかの抵抗が必要であることが判明した。そのため，環内に抵抗板を成形し（**図 5.38**），その形状と数量をいくつも試作し，実験を繰り返し，最適形状を見つけ出した。この環の断面形状と，抵抗板の形状，および液の量が各社のノウハウとなっている。

構造にもよるが，液体は 1.0 ～ 1.4 L くらいの量がバランスよく，固体バランサに比べると機種により 5 ～ 8 kg 程度の軽

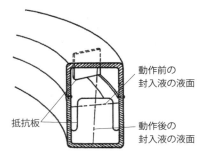

図 5.38 バランサ環の断面形状

量化ができた。

液体バランサ方式では，衣類の偏りの反対側に少量の液があるだけで，共振点を通過しやすく，比較的楽に脱水槽がフル回転となる。整理すると次の2点になる。

 ① 環内に抵抗板を設けることにより，液体の流動性を小さくした。
 ② 防振ケースと防振ゴムの習動特性を大きくし，減衰作用を大きくした。

なお，液体バランサを備えた洗濯機が販売された1975（昭和50）年当時，基本的な発想（考え）は公知であるとされていた。そこで，特許庁にて液体（水その他）を使ったバランサの公知例を探すと，1940（昭和15）年に早くも出願（登録1941年2月5日）されていた。1975年以前に，液体バランサの発明出願は十数件あり，液体を封じ込める場所はそれぞれ異なる。

また，液体以外にもゴムボールや，砂鉄を一定量封入したものもあった。1968（昭和43）年ころ，コンクリートの封入構造の出願があり，そのあたりから現在に近い構造の液体バランサの出願が増えている。

とくに，衣類のバランスが偏りやすい渦巻式全自動洗濯機は，4本のつり棒と圧縮ばねを使った防振支持構造に液体バランサが加わることで，軽量で減衰効率のよい洗濯機を作り上げることができた。その結果，振動・騒音が減り，製造原価も安価になった。液体バランサは後にドラム式にも応用され，ドラム式洗濯乾燥機の軽量化と低振動が実現する。

● インバータ制御[16), 5]

全自動洗濯機は，多くの部品で構成されており，それぞれが単独で，

---

[5] インバータ制御：一般にインダクションモータでは100 V，50 Hz / 60 Hzに対し，1 310 rpm / 1 600 rpmと，回転数は一定である。
また，洗濯の場合と脱水の場合の回転を変えるには，変速装置などが必要だ。
ブラシレスDCモータを使って，インバータの出力電圧を制御することにより回転数を自由に制御できる。インバータは，商用電源を直流に変換する整流回路，直流を三相交流に変換するスイッチング回路，スイッチング回路を駆動するベース，ドライブ回路，および通信信号を形成する演算器から構成されている。

あるいは組み合わせで動作したときに静かでなければならない。

そのために，モータ制御方式，排水弁構造，給水弁構造，クラッチ方式，ブレーキ方式，本体の共鳴音防止構造などを改良した。ようやく，二槽式洗濯機に大きく劣っていた振動・騒音が徐々に克服されてきた。

1990（平成2）年，東芝が開発した直流インバータ制御のモータが，一つの光明を見出した。この直流インバータ制御のモータを採用した縦型全自動洗濯機

図 5.39　東芝 全自動洗濯機（AW-50VF2）

AW-50VF2（**図 5.39**）[17]は，洗濯時 36 dB，脱水時 42 dB であり，後の 2000（平成12）年に発売したドラム式全自動洗濯乾燥機に劣らない静音レベルを達成していた。しかし，いま考えると不思議だが，その当時は「静かさ」を広告の前面に出す発想がなかった。

カタログには，『シルクランジェリーから，毛布まで洗える』ことを前面に出し，補足的に『静かな洗濯機です』と宣伝していた。当時は「静かな洗濯機」ということで，値段の高い商品が売れるとは考えられていなかったのだ。なお，AW-50VF2 は，一般機種に比べ 25 ～ 30 ％高価であった。

● ダイレクトドライブ構造

1991（平成3）年 10 月，三菱が初めてインバータ制御のモータを撹拌翼に直結したダイレクトドライブ（DD）の全自動洗濯機（AW-A80V1[18]）を発売した。（**図 5.40**，**5.41**）

重いモータを，洗濯槽の中心に取り付けることにより，製品全体のバランスがよくなり，インバータ制御の効果とともにさらに騒音・振動の低減効果を発揮した。

しかし，カタログでは『上質なお洗濯なら，おまかせください』『大

第 5 章　全自動洗濯機と衣類乾燥機

図 5.40　三菱 全自動洗濯機（AW-A80V1）

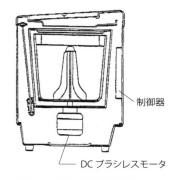
図 5.41　三菱 全自動洗濯機（AW-A80V1）の概念図

切な衣類だって，自分で洗いたい』『繊細なシルクランジェリーから，ハードなジーンズまで，素材に合わせて水流＆脱水のパワーを効率よくコントロールできます』などの宣伝文句が続き，次に『運転音が静かで，24時間何時でもお洗濯タイム』となっていた。具体的な静音レベルに言及しておらず，宣伝効果もいまいちだった。

販売価格は，当時の主力全自動洗濯機が 8〜9 万円のときに，約 2 倍の 16 万円であり，販売は思わしくなかったようである。残念なことに約 3 年後には，このタイプの全自動洗濯機は，カタログからなくなった。

● 「静音化」を広告の第一訴求に

洗濯機用の DD モータを実現するうえで，以下の条件を一つのモータで両立させる必要がある。

① 高トルク（ねじりの強さ）を必要とし，それに伴いモータ自身の騒音が大きくなるので，これを抑えなければならない。
② 負荷領域が大きく異なる洗濯時は高トルク／低速度，脱水時は低トルク／高速度を必要とする。

1997（平成 9）年，東芝が全自動洗濯機（AW-B80VP ほか）[19], [20] にアウタロータ（外転型）方式の DD インバータモータ[6]を搭載した（**図 5.42**）。DD インバータモータは，直径が大きく扁平な形状をしている。

5.5　静音化の実現

　全自動洗濯機の負荷特性は，洗濯運転時には高トルク・低速回転が必要であり，脱水運転時は低トルク・高速回転が必要と相反する特性を満足させねばならない。

　アウタロータ方式は，モータの中心からステータとロータの隙間部までの径を大きく取りやすい。したがって，径を大きくすると，薄くて大きなトルクが得られる。ステータに大きく扁平なロータを被せたアウタロータ方式は高トルクが出せる。減速ギアの必要がないシンプル構造である。基本的にモータ効率とセンサ精度がよく，薄型化が可能である。また，高トルク，低速回転に優れ，より低騒音化が実現できる。

図 5.42　東芝 全自動洗濯機（AW-B80VP）の概念図

　洗濯機では，取り付け位置において半径方向に余裕があるので，モータは大口径・薄型が可能であるのと，ステータ，ロータを部品化して洗濯機への組み込みも容易なアウタロータ（外転型）が有利である。

　また，この時期のインナロータ（内転型）方式は，アウタロータと同じ直径ならロータの径が小さいので小さいトルクしか出せない。そこでモータ上部にギア減速器を取り付けて大きなトルクを出していた。それに伴い，効率の悪化とギア騒音は不利であった。モータが中心にあり，洗濯時は同期回転するとしても，モータシャフトが直接撹拌翼につながらないので DD とは呼びにくい。（**図 5.43**）

　AW-B80VP の販売で最も特筆すべきことは，カタログの第1訴求を『DDインバータで低騒音化』とし，「静かな公園並の音」を訴えたことである。

---

[6] DD インバータモータ（Direct Drive Inverter Motor）：薄くて直径の大きな力強いブラシレス DC（直流）モータを洗濯兼脱水槽に直接取り付ける。これを可能にしたのが，回転数を自由に変えられる"インバータ制御"の技術である。これまで日本の多くの洗濯機には，単相インダクションモータが用いられ，ベルトやギアによりトルク伝達している。その方法では，洗濯槽全体の重量バランスが悪く，ギアなどの機械音の低減に限界がある。DD モータは，モータと負荷の回転中心軸が一致しているので，振動・騒音の低減に効果的なのである。

第5章　全自動洗濯機と衣類乾燥機

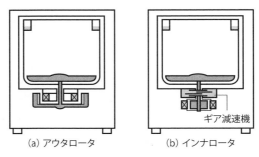

(a) アウタロータ　　　(b) インナロータ

図5.43　全自動洗濯機機構部の比較

東芝社内では開発当初,「本当に静音だけを訴えて売れるだろうか?」という疑問があったが,この全自動洗濯機は市場でヒットした。ここにきてやっと「静かさ」が,もっとも人に訴える力があることに気づいた。

今日の生活の中で,「よく洗える」「節水する」「時間が短い」はもはや当たり前で,「静かさ」が最重点であることがはっきりしてきた。

この縦型のDDインバータモータの全自動洗濯機が,洗濯機市場に活力を与えた。

これまで,集合住宅などでは夜に洗濯することがはばかれた。しかし,図書館並の静かさにより,「時間帯に関係なく洗濯ができる」という共働き世帯にとって願ってもない時代となった。

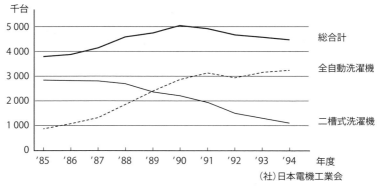

図5.44　洗濯機需要動向

全自動洗濯機の基本性能の向上につれて，洗濯機市場全体に占める全自動洗濯機の割合が増えて二槽式洗濯機は減少した。1990（平成2）年，全自動洗濯機が二槽式洗濯機を追い越し（**図5.44**），2000（平成12）年にはほとんどが全自動洗濯機となった。この変化の速さには驚かされる。

5.6　衣類乾燥機の発売 [21), 22)]

全自動洗濯機が順調に拡大するなかで，衣類の「乾燥」に対する要望も増してきた。共働き家庭などで朝，洗濯物を干して出かけても，雨でぬれてしまうことがあるし，冬場は気温が低く，湿気が多い地域（日本海側などの地域）では，外に干してもなかなか乾かない。さらに，マンションなど集合住宅では，洗濯物を見られたくないとか，ベランダに洗濯物を干すのは景観上好ましくないという意見も出てきた。室内干しができるランドリー室を備えた集合住宅ばかりではないので，乾燥機が必要になってきた。

衣類乾燥機は，1930年，アメリカ人J・ロス・ムーア（J. Ross Moore）によって製作（試作）された（**図5.45**）。彼はこれをガスと電気の両方に使えるように発展させ，1936年に特許をとった。1937年，

図5.45　ロス・ムーア電気
・ガス衣類乾燥機

図5.46　ハミルトン電気
衣類乾燥機

第 5 章　全自動洗濯機と衣類乾燥機

ムーアは特許権をハミルトン社（Hamilton Manufacturing Company）（医療用・研究用などの家具メーカー）に売った。ハミルトン社では衣類乾燥機のドアに窓を取り付け，1938 〜 1941 年にかけて 6 000 台以上を販売した（**図 5.46**）。第二次大戦以前のアメリカでは，このハミルトン社製の衣類乾燥機が唯一の商品であった。

● 量産化はアメリカに 27 年遅れ

1947 年，アメリカでは GE 社をはじめ多くの企業が衣類乾燥機に参入した。この年の販売台数は，電気式が 3 万 8 000（別のデータ：4 万 1 000）台，ガス式が 2 万台，合計 5 万 8 000（6 万 1 000）台であった。1950 年，ワールプール（Whirlpool）社が参入した（**図 5.47**）。続いて 1953 年，メイタグ（Maytag）社が近代的な衣類乾燥機で参入した。1958 年，英国においてもパーナル（Parnall）社が参入した（**図 5.48**）。

アメリカでは年々需要は伸び，1951 年は 49 万 2 000 台，1955 年は 139 万 6 600 台で普及率は約 10 %，1965 年は 209 万 8 000 台で普及率は約 26 %，1970 年は 298 万 1 000 台で普及率は約 45 %と驚異的に伸びた。そして 1973 年にはなんと年間 425 万 6 000 台が売れ，このときの普及率は約 54 %となった。1998 年には年間約 630 万台に増えた。2000 年では，電気式はガス式の 3 倍に伸び，約 78 %が電気式

図 5.47　ワールプール衣類乾燥機

図 5.48　パーナル衣類乾燥機

5.6　衣類乾燥機の発売

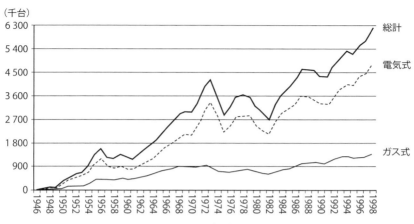

図 5.49　アメリカの衣類乾燥機出荷台数

である。（**図 5.49**）

　わが国では，1965（昭和 40）年に松下がドラム式電気衣類乾燥機（NH-100，1 万 9 800 円）をはじめて発売した（**図 5.50**）。アメリカ・ハミルトン社の電気衣類乾燥機発売から 27 年後のことである。

　1966（昭和 41）年，三洋からドラム式ガス衣類乾燥機（CD-300，5 万 9 800 円）[23)] が発売された（**図 5.51**）。大学卒新入社員の給料が 2 万円を超えたころである。

図 5.50　松下 ドラム式電気衣類乾燥機（NH-100）

図 5.51　三洋 ドラム式ガス衣類乾燥機（CD-300）

第 5 章　全自動洗濯機と衣類乾燥機

図 5.52　松下 ドラム式電気衣類乾燥機（NH-500E）

　三洋の発売したガス乾燥機 CD-300 が本格的なタイプであったので，1968（昭和 43）年以降各社は一斉にガス乾燥機を発売した。

　ガス式乾燥機は，地域によってガスの種類（都市ガス C-4 ／ C-5，LP ガス）が異なり，それに応じてバーナなど一部の部品を変えねばならず，製品価格が高価になったため，その後継続する企業もあったが長続きはしなかった。

　1970（昭和 45）年，松下が上面のフラットな，いわば箱型の電気乾燥機 NH-500E（乾燥容量 2 kg，3 万 7 900 円）を発売すると，各社このデザインへとシフトした（**図 5.52**）。

　1971 〜 1980 年代にかけて，日本企業はアメリカ向けにコンパクトな電気衣類乾燥機を開発し，輸出しはじめた。箱型のデザインは，輸出向けに生まれたもので，上面に突き出たパネルがなく，船で輸出するときも容積が小さく運びやすい。日本企業は，この金型を有効に使って，国内向けの電気衣類乾燥機を生産・販売したのである。その後，為替の変動から日本の輸出産業は徐々に衰退した。

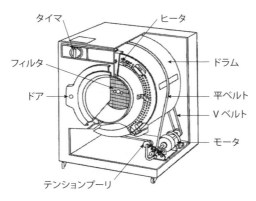

図 5.53　東芝 電気乾燥機（ED-320）の構造図

　一般に，電気乾燥機の構造は，ガス乾燥機に比べ比較的簡便である（**図 5.53**）[24]。ドラムの前面外周に無数の空気取り入れの小穴があり，子穴に沿って円周上にニクロムヒータ（約 1 200 ワット）が配置されていた。ドラムは，平ベル

5.6 衣類乾燥機の発売

トで毎分約45回転とゆっくり回転する。ドラム後部には，Vベルトで約1 700回転と高速回転する羽根があり，ドラム内の湿った空気はフィルタを通過して排出する。

1970年代に入ると都市部でマンションが増加し，ベランダなどで干された洗濯物が町並みやマンションの景観を損なうとの議論が出てきた。衣類乾燥機は「町の美観」問題に後押しされ，都市部での販売台数を増して行った。

● 排気方法と置き場所さがし

当初発売された松下のNH-100は本体の後部から吸気し，ドラムの中の衣類をヒータで加熱，蒸気を含んだ空気は本体前面の扉(ドア)に沢山あけてあるスリット（縦長の孔）から排気していた。洗濯機の置き場所も定まらない時代なので，乾燥機は戸外の軒下か，集合住宅ではベランダに置かれた。

三洋CD-300は，アメリカと同じように洗濯室（大きな洗面所）などでの使用を想定していた。さらに，全自動洗濯機とデザインをそろえ，ペアに置くことを提案し「ホームランドリー」「全自動洗濯乾燥装置」と名づけた。したがって，排気については十分考慮していた。

本体の後部に，直径約100 mmの排気用の穴があり，別に用意したフレキシブルなホース（直径約100 mm，長さ1.5 m）を取り付けて窓を少し開き排気するか，本格的に家の壁に穴を開けるなどすれば，そこから常時排気できるように考えてあった（**図5.54**）。それにしても，乾燥機の性能を発揮するためにこのような工事が必要なのは大変面倒なことである。これも，売れない理由のひとつと考えられた。

どこの家庭においても，洗濯

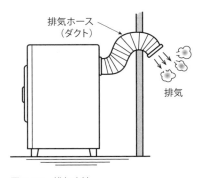

図5.54 排気方法

第 5 章　全自動洗濯機と衣類乾燥機

機置き場の確保が困難な状況のなかで，乾燥機置き場所の確保などはさらに困難である。ところが，衣類乾燥機が箱型のデザインを進めたことから，新しい置き場所の提案が可能となった。それは，専用スタンドを用意し洗濯機の上部空間に置く方法である。1971（昭和 46）年，松下が専用スタンド（NH-510LU，4 万 9,000 円）を発売した（**図 5.55**）。その後各社から発売され 8 000 ～ 9 000 円前後のスタンドが普及した（**図 5.56**）。

図 5.55　松下 乾燥機 専用スタンド（NH-510LU）

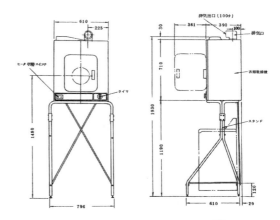

図 5.56　東芝 専用スタンド（DS-3）[25]

本来床置き型の本体をさかさまにして，専用スタンドに設置することにより，これまで確保しにくい衣類乾燥機の置き場所ができた。

さて，置き場所を確保したものの実際に使ってみると，洗濯時には乾燥機がじゃまになり大変使いにくい。この改善策として，1981（昭和 56）年 5 月に東芝が本体奥行き 26 cm という薄型の衣類乾燥機（ED-550S）を発売した（**図 5.57**）。従来 40 cm を超えていた奥行きを薄くし，その分ドラムの直径を大きくした。ちょうど二槽式洗濯機と同じ幅になり，洗濯槽の上に顔を出しても圧迫感がなく洗濯作業がしやすくなった。

形と使いよさがマッチし，通商産業省（当時）よりグッドデザイン賞

5.6 衣類乾燥機の発売

表 5.4　日本における衣類乾燥機の生産台数（単位千台）

年　度	生産台数 （輸出分）	国内分 （予測）
1969（昭和 44）年	170　（—）	—
1970（昭和 45）年	82　（—）	—
1971（昭和 46）年	114　（—）	—
1972（昭和 47）年	143　（—）	—
1973（昭和 48）年	92　（71）	21
1974（昭和 49）年	136　（67）	69
1975（昭和 50）年	117　（48）	68
1976（昭和 51）年	164　（29）	135
1977（昭和 52）年	260　（25）	235
1978（昭和 53）年	218　（25）	93
1979（昭和 54）年	377　（9）	328
1980（昭和 55）年	728　（15）	713
1981（昭和 56）年	657　（27）	630
1982（昭和 57）年	522　（23）	499

＊1971 年度まで脱水機が含まれる。　（社）日本電機工業会[26]]

図 5.57　東芝 薄形乾燥機（ASD-550S）

を受賞した。その後，薄型の乾燥機が流行した。

　このように，日本の家屋状況を考慮した商品開発が続き，日本における衣類乾燥機の生産台数は 1980（昭和 55）年度 72 万 8 000 台とピークを迎えた（**表 5.4**）。

● **蒸発させて水に戻す除湿機能**[27]

　衣類乾燥機の最大の問題点は，湿気を含んだ排気の処理をどうするかである。衣類乾燥機は便利ではあるが，湿気を含んだ排気のせいで，置き場所が限られ，販売を鈍らせていた。そのため各社は，排気ホース（ダクト）により排気を処理するのではなく，本体内で湿気を取り除く工夫をした。

〚フィン方式〛

　1978（昭和 53）年，東芝がはじめて本体内で除湿できる熱交換器（フィ

第5章　全自動洗濯機と衣類乾燥機

図 5.58　東芝 衣類乾燥機
　　　　　（ED-380L）

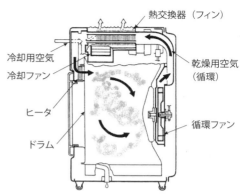

図 5.59　除湿機能（フィン方式）衣類乾燥機（構造図）

ン）を備えた衣類乾燥機（ED-380L）を発売した（**図 5.58**）。

その構造は**図 5.59**のように，ドラムの中の高温高湿度の乾燥用空気を本体内部で循環させ，その途中に熱交換器を通して冷却ファン（羽根）で冷却し，水分を結露させて水として排水する方法である。ドラムの中の空気は，後部にある循環ファンで熱交換器に導き，湿気を取った後はヒータで加熱されて再びドラムの内部に入り，衣類を加熱し水分を蒸発させる。熱交換器は，乾燥用空気が通過するアルミ製のパイプと，そのパイプに無数のアルミ製のフィン（ひれ）が取り付けてある。常時，本体外部の空気（室温）を吸入してフィンにあて冷却する。

冷えたフィンは，パイプの熱を奪うのでパイプ内部を通過する湿度の高い空気は結露する。この水を集めて下部に排出する。この動作の繰り返しにより衣類は乾燥する。通常，この排水ホースは下方に設置された洗濯機の上面にある排水口（穴）に差し込む。

〚熱交換ファン方式〛

除湿機能付き衣類乾燥機（フィン方式）は，従来の排気型に比べ構造が複雑で部品点数が多い。そこで1983（昭和53）年，松下が比較的シンプルな構造の除湿機能付き衣類乾燥機（NH-D300L）を発売した。本

体後部に大きな熱交換ファン(羽根)を取り付ける構造である(**図5.60**, **5.61**)。

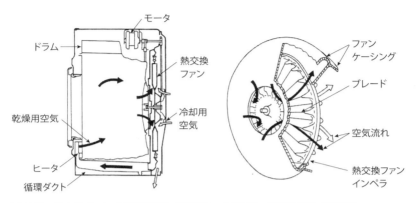

図5.60 熱交換ファン式衣類乾燥機(構造図)　**図5.61** 熱交換構造(原理図)

除湿のしくみは,熱交換ファンが回転すると,ドラム内の高温高湿の空気がファンに吸い寄せられて凹凸の表面にぶつかる。一方,ファンの裏側には常温の外気がぶつかる。すると羽根のドラム側に湿気が結露し,羽根の回転の遠心力により振り落とされて下方にたまり,排水ホースから洗濯機上面の排水口に落ちる。湿気が少なくなった空気は,ヒータで暖められて再びドラムの中に入り衣類を加熱し衣類から湿気を放出する。これを繰り返すと,衣類は徐々に乾燥する。

● 需要動向

日本電機工業会の出荷統計(**表5.5**)によると,衣類乾燥機の生産台数は1998(平成10)年度は42.7万台,1999年度は37.6万台,2000年度は33.3万台と暫減傾向であったが,2000年度以降は,さらに追い討ちをかけて,2001年度は24.7万台,2002年度は18.6万台,2003年度は18.3万台,2004年度は15.1万台と激減状態である。2005年度からは出荷統計が公開されなくなった。出荷統計に出せないほど販売台数が落ち込んだと推定できる。普及率を確認すると,1994年度に

第5章　全自動洗濯機と衣類乾燥機

20％を超えたが，後は低迷している。

じつは，1991年を境に需要は落ちていた。2000年以降は全自動洗濯乾燥機の影響だろうが，1991年度以降の需要の落ち込みの原因は家電業界にとっても謎である。

表5.5　日本における衣類乾燥機の生産台数（単位千台）

年　度	生産台数 （輸出分）	国内分 （予測）	普及率
1984（昭和59）年	425（60）	365	—
1985（昭和60）年	393（47）	346	9.3
1986（昭和61）年	417（46）	371	9.7
1987（昭和62）年	405（34）	371	11.0
1988（昭和63）年	567（—）	567	12.7
1989（平成元）年	627	627	14.4
1990（平成2）年	632	632	14.9
1991（平成3）年	639	639	15.8
1992（平成4）年	596	596	16.6
1993（平成5）年	556	556	18.1
1994（平成6）年	444	444	20.1
1995（平成7）年	454	454	19.4
1996（平成8）年	390	390	19.8
1997（平成9）年	414	414	20.8
1998（平成10）年	427	427	20.9
1999（平成11）年	376	376	20.8
2000（平成12）年	333	333	21.7
2001（平成13）年	247	247	21.7
2002（平成14）年	186	186	22.8
2003（平成15）年	183	183	—
2004（平成16）年	151	151	—
2005（平成17）年	—	—	—
2006（平成18）年	—	—	—
2007（平成19）年	—	—	—

*1985年度より普及率の統計が始まった。2003年度以降，統計が廃止。
*2005年度以降，生産台数の統計が廃止。
（社）日本電機工業会

家電業界は,「アメリカで広く普及している衣類乾燥機は,わが国でも必ず普及する」と長年期待してきた（**表5.6**）。しかし,冷静に考えてみると,電気代が高くつく,洗濯機上部の空間を占拠し圧迫感がある,価格が高いなどの理由が浮かび上がる。アメリカは日本に比べ電気代はかなり安いし,家は広く,地下に洗濯室のある家もあるので置き場所に困らない,商品価格も安い。

日本の衣類乾燥機は,1980（昭和55）年から1990（平成2）年にかけて徐々に価格も上昇し,全自動洗濯機とあまり変わらない価格であった。日本人にとって「電気代の問題」「置き場所の問題」「割高感」などが,購入意欲を遠のかせたのだろうか。

しかし,電波新聞[28]によれば,同様な条件の全自動洗濯乾燥機（後述）が消費者の心を捉え,2006（平成18）年度の実績は132.6万台（内ドラム式が約54％）,2008（平成20）年度は129万台（内ドラム式が約60％）と販売台数を伸ばしているので,そのような理由だけとは言い切れない。

表5.6 衣類乾燥機開発の歴史

年　度	企業名	機種名	価　格	特　徴
1965（昭和40）年	松下	NH-100	19 800円	電気回転式小型衣類乾燥機を発売
1966（昭和41）年	三洋	CD-300	53 000円	ガス回転ドラム式衣類乾燥機を発売
1971（昭和46）年	松下	NH-510LU	49 000円	衣類乾燥機用スタンドを発売
1974（昭和49）年	松下	NH-110E	29 800円	コンパクト（乾燥容量1kg）回転式電気乾燥機
1975（昭和50）年	日立	DE-300	43 800円	半導体（PTC）ヒータを採用
1978（昭和53）年	東芝	ED-380	70 000円	除湿機能付き衣類乾燥機を発売
1981（昭和56）年	東芝	ED-550S	55 000円	薄型衣類乾燥機を発売,奥行き26cm
1983（昭和58）年	松下	NH-D300L	70 000円	ファン式熱交換器付き除湿型を発売
1990（平成2）年	三洋	CD-45V1	77 000円	ファジィ制御の衣類乾燥機を発売
1991（平成3）年	東芝	ED-D45VE3	90 000円	大形ファンと静音コースで夜も乾燥
1992（平成4）年	三洋	CD-50V5	91 000円	回転数制御の衣類乾燥機
1993（平成5）年	東芝	ED-D45R3	86 000円	ドラム反転機能付き衣類乾燥機
1997（平成9）年	日立	DE-N5S3	79 000円	ドラム停止のままセーターなどの乾燥可

(社) 家庭電気文化会[29]

第 5 章　全自動洗濯機と衣類乾燥機

《参考文献》

1) "Washing Machines-Technical Section of Consumers Union Reports" Consumers Union, pp.5-7, 1940.3, pp.8-12, 1946.5, pp.10-12, 1946.2, pp.31-34, 1947.2
2) "Service Manual Bendix automatic Home Laundry" Bendix Home Appliances Inc.　Sect.E-p6, 1946.11.1
3) "The GE Washer" 1947.4, Consumers Union, pp.13-14, 1948.6, p.308, 1948.7
4) 『日本電機工業史 第 2 巻』日本電機工業会，pp.312-315，1970.12.15
5) 「東芝電気洗濯機 VF-3」取扱説明書，東京芝浦電気（株），1955
6) 長谷川栄一「日立 SC-AT1 形全自動洗濯機」『日立評論』第 44 巻 6 号，pp.38-42，1962.6
7) 長谷川栄一他「渦巻式全自動洗たく機の防振支持」『日立評論』第 49 巻 4 号，pp.37-42，1967.4
8) （財）家電製品協会『生活家電の基礎と製品技術（第 2 版）』NHK 出版，pp.275-279，2006.12.20
9) Joseph Kaplan "Design equations and nomographs for self-energizing types of Spring Clutches" Machine Design, pp.107-111, April 1956
10) Vitte W. Rudnickas "Basic Design of Spring Clutches" Machine Design, pp.182-186, May 1965
11) 佐藤英夫他「マイコン内蔵 全自動洗たく機 AW-8800G」『東芝レビュー』（株）東芝，第 34 巻 11 号，pp.983-986，1979.11
12) 「ランドリーマニュアル」（株）東芝，pp.7-9，1987.6
13) 山川烈監修『ファジー応用ハンドブック』工業調査会，pp.111-120，1991.8
14) 「これっきりボタン 静御前 Q&A」日立，pp.2-8，1990
15) 山本憲二他「節水・計量型全自動洗濯機の開発研究」『Sanyo Technical Review』第 8 巻第 1 号，pp.37-44，1976.2
16) 谷本茂也他「家庭機器用のモータとインバータ」『東芝レビュー』第 55 巻第 4 号，pp.25-27，2000.4
17) 「売れる技術　モータ制御にインバータ　素材別に最適水流（東芝）」『電

波新聞』1990.8.29
18)「三菱が業界最大8キロ容量全自洗」『電波新聞』1991.7.25
19) 今井雅宏「図書館並の静かさを実現したダイレクトドライブインバータ全自動洗濯機 AW‐B70VP」『東芝レビュー』第53巻第2号，pp.71-75，1998.2
20) 小原久義他「全自動洗濯機用ダイレクトドライブインバータモータの製造技術の向上」『東芝レビュー』第54巻第6号，pp.51-54，1999.6
21) Pauline Webb and Mark Suggitt "Clothes Dryers" Gadgets and Necessities ABC-CLIO, pp.44-45, 2000
22) 大西正幸『生活家電入門』技報堂出版，pp.135-145，2010.5.25
23)「ロボット サンヨー全自動洗濯機，乾燥機」カタログ，三洋電機（株），1966.5
24) 大西正幸他「電気乾燥機」『東芝レビュー』（株）東芝，第28巻第10号，pp.1140‐1143，1973.10
25)「東芝〈電気〉乾燥機」東芝商事（株），p.24，1974
26)『日本の家電産業（昭和58年版）』（社）日本電機工業会，pp.8-9，1983.9
27) 角谷勝彦他「熱交換ファン搭載の新除湿型衣類乾燥機」『松下テクニカルレポート』松下電器産業（株），第30巻第5号，pp.11-17，1984.10
28)「洗濯機」『電波新聞』2009.3.4
29)『家庭電気機器変遷史〈乾燥機〉』（社）家庭電気文化会，pp.35-36，1999.9.20

第6章　ドラム式とタテ型洗濯乾燥機

6.1　ドラム式洗濯乾燥機

ドラム式電気洗濯機は，1908年アメリカのアルバ・J・フィッシャーが発明し，ハレー・マシン社が量産したのがはじまりである。その後，世界中で撹拌式をはじめいくつもの洗濯方式が生み出されたが，アメリカでは撹拌式，ヨーロッパではドラム式，日本では渦巻式が主流となった。

しかし，歴史をひも解くと，わが国でもドラム式全自動洗濯機が古くから開発・発売されているのである。

ドラム式全自動洗濯機は，洗濯—すすぎ—脱水 まで自動で行う洗濯機であるが，近年売り上げを伸ばしているドラム式全自動洗濯乾燥機は，洗濯—すすぎ—脱水—乾燥 まで行い，最後の干す手間も要らないので，共働きの世帯をはじめ好評である。

● ドラム式洗濯機と洗濯乾燥機 [1)]

1956（昭和31）年，東芝がわが国初のドラム式全自動洗濯機（DA-6，8万3 000円）を発売した（5.2 参照）。斬新なデザインで，使い勝手を考えた30度傾斜ドラムであった。

その後，1970（昭和45）年に日立が本格的はドラム式全自動洗濯機（DF-350，7万9 000円）を発売した（**図6.1**）。通常の二槽式洗濯機の約4倍の価格であり，振動・騒音対応技術も今ほど十分でなかった。

図6.1　日立 ドラム式洗濯機（DF-350）

第6章　ドラム式とタテ型洗濯乾燥機

　当時日本では，二槽式洗濯機とそれに続く全自動洗濯機が好調に推移し，家電メーカーは毎年の新製品開発に忙しく，ドラム式洗濯機へはなかなか本格参入できなかった。

　しかし，各社とも技術者は「全自動洗濯機の次はドラム式洗濯乾燥機の時代がくる」という予感があり，ヨーロッパ商品の調査や，試作研究を行っていた。

　1980（昭和55）年代に入ると電力会社は200ボルト電力利用や，深夜電力利用の増加を目指して家電メーカーに共同研究を依頼しはじめた。研究テーマは洗濯乾燥機をはじめ，電気温水器，クッキングヒータ，電磁調理器，食器洗い乾燥機，炊飯器などが挙げられた。

　1989（平元）年以降，シャープ，続いて三洋が海外メーカーのOEMでドラム式洗濯乾燥機を発売した。

　1997（平成9）年，松下（現パナソニック）がはじめて国産のドラム式洗濯乾燥機を発売した。1998（平成10）年，日立からもドラム式洗濯乾燥機が発売されたが，あまり注目されないまま時代は21世紀になっ

表6.1　わが国のドラム式洗濯機と洗濯乾燥機（1990年代まで）

	発売年	企業名	機種名	価格（円）	容量（kg）	電圧（V）	重量（kg）	その他	
ドラム式全自動洗濯機	1956	東芝	DA-6	83 000	3.0（乾燥なし）	100	95	国産初全自動洗濯機 30度傾斜	
	1970	日立	DF-350	79 000	3.0（乾燥なし）	100	70	国産	
	1971	日立	DF-360	89 000	3.0（乾燥なし）	100	70	国産（DF-350の後継）	
ドラム式全自動洗濯乾燥機	1989	シャープ	ES-E11	395 000	4.5 / 2.25	200	83	OEM	Electrolux
	1995	シャープ	ES-E60	200 000	6 / 3	100	85		電子制御部品の供給
	1996	三洋電機	AWD-500	190 000	5 / 2.5	100	83		電子制御部品の供給
	1997	松下電器	DF-360	240 000	6 / 3	100	99	初のすべて国産	
	1998	日立	WD-63A	230 000	6 / 3	100	85	すべて国産	

6.1 ドラム式洗濯乾燥機

た。当時は、まだ騒音・振動や洗濯乾燥性能・時間、あるいは水・電気代の経済性などにおいて、ユーザーの期待に応えられていなかった。

● DDインバータモータのドラム式への応用 [2], [3], [4]

2000（平成 12）年 2 月、東芝が世界ではじめて DD（Direct Drive）インバータモータを採用した低騒音・低振動のドラム式洗濯乾燥機（TW-F70）を発売した（**図 6.2, 6.3**）。カタログには『東芝がお洗濯革命』『面倒な物干しからついに解放！』というキャッチフレーズとともに低騒音・低振動を謳った。「洗濯」は静かな公園並の 40 デシベル、「脱水」は静かな図書館並の 45 デシベル、「乾燥」は公園並の 40 デシベルであった。

この商品は、店頭実演での静かさが話題を呼び、ドラム式洗濯乾燥機の販売が活発化した。DD インバータモータのドラム式洗濯乾燥機への応用は、技術のブレークスルーであった。

図 6.2 東芝 ドラム式洗濯機（TW-F70）

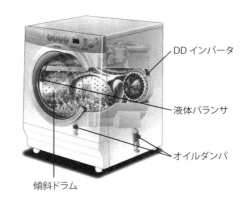

図 6.3 DD インバータモータ搭載

その原点は、1990（平成 2）年に東芝が発売した全自動洗濯機 AW-50VF2 であり、続く三菱の全自動洗濯機 AW-A80V1 である。1997（平成 9）年、東芝が発売の全自動洗濯機 AW-B80VP によりアウタロータ方式の DD インバータモータを確立し完成度を高めた。（5.5 参照）

東芝は、全自動洗濯機 AW-B80VP の振動系理論を、垂直方向に回転

第6章 ドラム式とタテ型洗濯乾燥機

するドラム式洗濯乾燥機（TW-F70）に取り込むことで，それまで考えられない低振動・低騒音のドラム式洗濯乾燥機を完成させた。

単純に考えても，これまでドラムの下部に取り付けていたモータを，ドラムの後部真ん中（センター）に持ってきたのでバランスがよくなっている。従来は，モータからベルトで減速し，洗濯と脱水の回転数を変えるためにクラッチで切り替えていた。これらの複雑な構造を単純化できた。

従来のドラム式洗濯乾燥機は，脱水起動時にドラム回転数を徐々に上昇させ，洗濯物をドラム内周に均一に張り付かせることで脱水振動の低減を図ろうとしてきた。しかし，洗濯物が転がり落ちていく状態から張り付いた状態に移行する際のモータへの負荷変動は大きく，スムーズにドラム回転数を上昇させることができなかった。

新しいドラム式洗濯乾燥機は，回転数を自在に変化させることができる。

「脱水」起動時にはドラム回転数を徐々に上昇させ，洗濯物のアンバランス（偏心量）が小さいときはそのままドラム回転を高速にする。

回転をはじめたときにアンバランスが大きいときは，これを「布絡み状況監視センサ」によりドラム回転をすばやく減速し，また速めるなど，衣類を解す制御を自動で行う。このような細かい動きは，インバータモータではじめて実現できたのである。

なお，「図書館並の静けさ」は，DDインバータモータの採用のほかに，液体バランサの採用とオイルダンパの改良が加えられて実現した。このことが，製品重量の低減にもつながった。

● 液体バランサのドラム式への応用

わが国の渦巻式全自動洗濯機は，脱水時のアンバランスを克服する手段として，1975（昭和50）年に三洋とシャープが「液体バランサ」を開発した（5.5参照）。

ドラム式洗濯乾燥機において歴史の長いヨーロッパでは，洗濯槽の周囲に金属塊やコンクリート製ブロックをいくつも取り付けて，脱水時の

振動を低減させていた。わが国における従来のドラム式全自動洗濯機においても，振動低減のため20〜25キログラムのおもり（ウエイト）を洗濯外槽に取り付けていた。したがって，製品重量は約90〜100 kgと重くなり，据付時の床補強などが必要であった。この重さも，ドラム式が日本の家屋になじまなかった理由のひとつであった。

そこで，おもりに変わる振動低減方法として，これまで渦巻式全自動洗濯機に用いていた液体バランサのドラム式洗乾機への応用を試みた。

水平方向に回転する技術を，垂直方向に回転させて同じ効果を得ようというのである。

概念図（**図 6.4**）で示したように，リング状の「液体バランサ」は多数の部屋に仕切られている。内側は，各部屋につながる空間があり，液体は状況によって部屋から部屋に移動できる。静止した状態では，(a) のように液体は下方にある。脱水のため，ドラムが回転をはじめると液体は遠心力により各部屋に移動（分散）を始める。(b) は無負荷でバランスが最適の回転時の液の分散状況を示す。(c) のように衣類がドラム内で偏心（アンバランス）していると，液体はバランスをとるため衣類の偏心とは反対側に移動し，ドラム全体の振動低減へと働く。

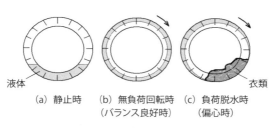

図 6.4 液体バランサ（概念図）

液体バランサは，共振点以上の回転で水槽の振動振幅を低減させる効果を持つ。そこで，バランサ内部の流れを絞る抵抗板の形状を工夫し，共振点付近のドラム回転数の上昇速度を最適化した。その結果，従来に比べはるかに少量の液体を使い製品重量65キログラムという軽量化を実現した。また，大きな振幅には大きな減衰力を生じる粘性減衰のオイ

第 6 章　ドラム式とタテ型洗濯乾燥機

ルダンパを採用している。これらすべてが総合作用し，誰もが驚く「図書館並みの静かさ」が達成できた。

● 乾燥方式やドラムの傾斜，扉の開閉の改良

　乾燥方式は，衣類から蒸発した水分を室内へ排出しない「水冷除湿乾燥方式」を採用した。ヒータで加熱した温風を衣類に吹きつけ，水分を蒸発させ，高温多湿の空気をダクト上の除湿用熱交換器内を流れる冷却水（水道水）で冷却，結露させて除湿する。これを繰り返すことにより，除湿が進行し衣類が乾燥する。脱水を開始するときから衣類を加熱し，乾燥時間は従来の衣類乾燥機に比べ約 30 分短縮するなど，総洗濯時間の短縮効果が出ている。

　一般に，ドラムの傾きが大きいほど洗浄性能や乾燥性能が低下する傾向にあり，設計上の工夫が必要である。使い勝手と相反するが，最近は 10 〜 20 度程度の角度のものが多い。

　そのほかドア（扉）の開閉については，人間工学から右利きの人が使いやすいよう左開きの機種が多いが，設置場所を限定しないよう，左開き，右開き両方を用意する機種が増えてきている。

● ドラム式洗濯乾燥機の普及

　2000（平成 12）年 11 月にシャープがドラム式洗濯乾燥機（ES-WD74-V）を発売した（**図 6.5**）。このほか 2000 年度には，海外メーカーも LG 電子，ダイソン，ツナシマ商事（輸入会社）などがドラム式洗濯乾燥機を発売した。

　2001（平成 13）年 1 月 5 日，電波新聞紙上では各社のインタビューのあと，洗濯乾燥機の未来予測を行っている。このときの 2005（平成 17）年度の洗濯乾燥機の全国需要は 60 万台と予測した。

図 6.5　シャープ
ドラム式洗濯乾燥機
（ES-WD74-V）

ところが2000（平成12）年度はいきなり約15万台，2001（平成13）年度は約38万台と急進し，2005（平成17）年度は驚くなかれ117万台と躍進した。期待を込めて，多めに予測した約2倍に伸長した。さらに，2006（平成18）年度は景気が大きく冷え込むなかで洗濯乾燥機は約133万台と伸びた。その後は全体需要がやや下がるなかで，125万台前後で推移している。

6.2　タテ型洗濯乾燥機 [5), 6)]

2000（平成12）年12月，松下が世界初のタテ型洗濯乾燥機を発売した（**図6.6，6.7**）。使い勝手がよく，騒音・振動も低いレベル（公園並の静けさ）を実現した。タテ型洗濯乾燥機は，これまでの全自動洗濯機と同じ場所に置ける洗濯機として注目された。

図6.6　松下 タテ型洗乾機
（NA-FD8000）

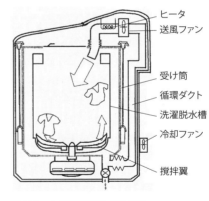

図6.7　タテ型洗乾機（模式図）

● タテ型の特徴

ドラム式洗濯乾燥機は，「洗濯」「脱水」「乾燥」とそれぞれに最適な回転数を制御し，乾燥行程も衣類を持ち上げて落下させつつ均一に加熱蒸発して乾燥に至る。しかし，タテ型の場合は大きな工夫が必要であった。

第6章　ドラム式とタテ型洗濯乾燥機

　第一に,「洗濯時に,いかに衣類が絡まないようにするか」がポイントである。
　衣類と洗濯槽が一体となって洗浄液中で回転し,衣類の中を洗浄液が勢いよく通過する洗浄方法を採用することにより,洗濯時の衣類の絡みを少なくした。
　第二に,「いかに乾燥ムラやしわの少ない仕上がり状態を実現するか」が重要なポイントであった。従来の小さいパルセータでは,水中で洗濯物を撹拌すると衣類が絡まりやすく,乾燥しにくい。そこでなべ型の大口径パルセータを採用した。なべ型パルセータを正逆俊敏に回転させることにより,衣類をはね上げ温風を通す空間を作り,乾燥空気と効率よく接触させることができる。

● タテ型の水冷除湿乾燥
　乾燥行程は次のようになる。原理はドラム式洗濯乾燥機と同じである。
　① 送風ファンによって送られた循環風は,ヒータによって加熱され洗濯脱水槽内に吹き込まれる。
　② 湿った衣類を加熱し,水分を蒸発させる。
　③ 高温の蒸発した空気は,洗濯脱水槽を内包し,冷却ファンにより熱交換部と接触し熱交換する。
　④ 接触面近傍の湿った空気の温度が下がり,受け筒内壁でさらに冷やされ凝縮・結露する。
　⑤ 凝縮・結露した水は,冷却水とともに排水される。
　乾燥終了検知は熱交換器の入り口と出口にそれぞれサーミスタを設置し,乾燥行程終了時の温度変化を捉えて終了となる。
　ドラム式洗濯乾燥機に続いて,タテ型洗濯乾燥機が発売され,ともに従来レベルをはるかに凌駕した低騒音・低振動の商品であるため,市場での洗濯乾燥機販売は順調に伸びた。
　さらに「乾燥機能付き」という簡易乾燥装置付きや,外部の空気を吹き付ける機能など,後の乾燥を速めるための工夫により洗濯機市場は活性化されている。

6.3 ヒートポンプ・ドラム式洗濯乾燥機[7]

● ヒートポンプの威力

ドラム式洗濯乾燥機が好調に推移するなかで，2005（平成17）年11月に，松下（現パナソニック）が，世界初のヒートポンプ・ドラム式洗濯乾燥機を発売した（**図6.8**）。エアコンと同じように，コンプレッサを使用し，これまでのようにヒータによる加熱や，除湿の際の冷却水がいらない全く新しい技術である。

従来のドラム式洗濯乾燥機では，ヒータで加熱した空気を洗濯槽に吹き込み，衣類を加熱して水分を蒸発させていた。この湿った空気は，水道水を流して水冷除湿機能により結露させ，水道水とともに排水する。（**図6.9**）

図6.8 松下ヒートポンプ・ドラム式洗濯乾燥機（NA-VR1000）

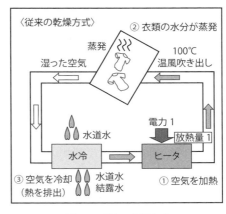

図6.9 従来の乾燥方式

ヒートポンプ乾燥システムは，ヒータや水冷除湿機能がなく，コンプレッサ，放熱側熱交換器，減圧器，吸熱側熱交換器などで構成されている。この循環管路の中に冷媒[1]が入れてあり空気中の熱を効率よく取り込み，ドラムの中に温風として導入した。（**図6.10**）

第6章　ドラム式とタテ型洗濯乾燥機

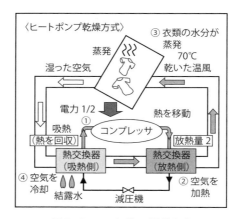

図6.10　ヒートポンプ乾燥方式

　ヒートポンプ乾燥システムは，コンプレッサを駆動し冷媒を循環させることにより熱の移動を行う。冷媒は管路を循環し，吸熱側熱交換器で入力の数倍の熱量を空気から取り込む。この空気は，ドラムを通過し，衣類から蒸発させた後の湿った空気である。そして，放熱側熱交換機により，熱量を空気に放熱する。湿った空気は冷却され，結露して水となる。

　ヒートポンプで得られる温風温度は，冷媒の動作条件に限界があり約70度と低温の乾燥空気になる。低温で乾燥させるために，従来の約2倍の風量を確保した。そのため衣類の縮みやシワは低減し，乾燥時間も大幅に短縮できた。また，ドラム内は，これまでのヒータ式乾燥機のよ

---

[1] 冷媒：エアコンなどコンプレッサを使う冷凍サイクルには「冷媒」が使用される。
冷媒は，コンプレッサで圧縮されるとガスになり，凝縮器で凝縮されると液に変化する。このとき熱を発生するので，ファンで冷ます。毛細管（キャプラリーチューブ）を通って低温低圧の液になり，蒸発器（熱交換器）内で蒸発し周りから気化熱を奪う。暖かい空気が蒸発器（アルミのフィン）を通過するときに冷やされ，これを繰り返すと部屋全体が冷えていく。蒸発→圧縮→凝縮→膨張→蒸発と，連続的に状態変化させるサイクルが「冷凍サイクル」である。この冷媒の流れを逆にすれば暖房になり，これをヒートポンプ（heat pump）と呼んでいる。
冷媒は，アンモニア，炭酸ガス，炭化水素系ガス，亜硫酸ガスなどいろいろ試用されたが，1930年にデュポン社が「フレオン」と名づけて商用生産を始めた。その後「フロン」と呼ぶようになった。1974年，特定フロンのオゾン層破壊現象が判明し，1992年には地球温暖化現象に関係することもわかり，順次フロンの内容が変化している。現在は，オゾン層破壊係数ゼロ（0）で冷却能力の優れる代替フロン（HFC）が使われている。

6.3 ヒートポンプ・ドラム式洗濯乾燥機

うに高温（約 100 度）にならないので，乾燥途中にドアを開けて衣類の出し入れができる。

このようにヒートポンプ・ドラム式洗濯乾燥機は，洗濯性能も乾燥性能もこれまでより効率がよく，消費電力量や使用水量が約半分と大幅に削減できた。しかし，製品価格はやや高かった。

〚ヒートポンプ乾燥方式の特徴〛

（ヒートポンプ式でない洗濯乾燥機と比較）

① 乾燥時にヒータを使わない：省エネ。電気代微小（総電気代80％減），乾燥時間約半分。
② 乾燥時に水道水を使わない：節水。乾燥時使用水量ゼロ，洗濯を含めた総水量約半分。
③ 乾燥時温風温度70度：乾燥中に衣類の出し入れ自由，上質な仕上がり（衣類の縮みやシワの低減）。

2006（平成18）年7月に，東芝が世界初のエアコン（冷房）機能付きのヒートポンプ・ドラム式洗濯乾燥機（TW-2500VC）を発売した[8]（**図6.11**）。さらに2007（平成19）年10月，東芝はエアコン（冷・暖房）機能付きヒートポンプ・ドラム式洗濯乾燥機（TW-3000VE）を発売した[9]。

エアコンが普及しても，洗面所や脱衣所の単独冷暖房は簡単ではない。冷暖房機能を備えたヒートポンプ式洗濯乾燥機に，その機能を持たせた。この洗濯機を置いた洗面所は季節に関係なく快適空間が得られるのである。

図6.11 東芝 ヒートポンプ・ドラム式洗濯乾燥機（TW-2500VC）

第6章 ドラム式とタテ型洗濯乾燥機

● ヒートポンプの基本

熱は温度の高いところから低いところへ流れる。逆に，熱を低いところから高いところに汲み上げるのが，熱のポンプつまり「ヒートポンプ」である。エアコンや冷蔵庫はヒートポンプの一種である。ヒートポンプは，液体が蒸発して気体になるとき，周囲の物体から熱を奪う性質を利用して冷却する。冷却に使った冷媒を元の液体に戻し，再び蒸発させて繰り返し冷却作用をさせる。

エアコンの冷房のしくみは，室内空気の持っている熱を室外に運び放出することである。逆に，室外にある熱を室内に取り込むのがヒートポンプ式暖房である。

熱のくみ上げは，自然現象に逆らうのでエネルギーが必要である。しかし熱を発生させるのではなく，くみ上げるだけなので，わずかなエネルギーで大きな熱を得ることができる。

最近のエアコンでは，投入エネルギー（コンプレッサなどを動かす）1に対し，6倍のエネルギーをくみ上げる能力を持っている。

ドラム式洗濯乾燥機は，このすばらしい省エネ技術を取り込むことにより従来の乾燥技術の概念をガラリと変えた。今後，研究が進むとさらに省エネ効果を上げられると期待されている。

6.4　ドラム式とタテ型

2010（平成22）年4月22日，日経が「ドラム式洗濯乾燥機」の調査を行った（1 000人を対象にインターネットで無作為抽出）[10]。

調査では，ドラム式洗濯乾燥機を購入するとき重視する点は，① 価格，② 省エネ性能（電気代），③ 節水性能，④ 洗浄力，⑤ 運転音の静かさの順であった。

「洗濯乾燥機は干す手間が省けるが，乾燥まで数時間以上かかる」「夜や早朝に洗濯するので，気兼ねなく使える静かな機種がほしい」といった意見が聞かれた。

2009（平成21）年度以降の景気停滞による買い控えの影響で，洗濯

6.4 ドラム式とタテ型

機需要が減少傾向にあり，洗濯乾燥機の購入比率も停滞傾向にある。また，以下のような理由からドラム式よりもタテ型を好む消費者も増えている。① タテ型はドラム式より洗濯容量はやや少ないが，性能は差がない。② ドラム式より価格が安く，買いやすい。③ 投入口が上面にあり操作しやすい。④ 本体の大きさがこれまでの全自動洗濯機と同じで場所をとらない。

これまで順調にきたドラム式洗濯乾燥機をさらに伸ばすには，大きさと投入口のドア操作性，価格面などのデメリットを解消した機種の開発が望まれる。

例えば，① これまでの全自動洗濯機が置いてあったスペースに，そのまま置ける大きさ。この場合，洗濯容量を少なくする必要に迫られる。②扉の構造・開きに工夫をし，前後の動作スペースを減らす。③乾燥機能をなくし，価格志向の商品もラインアップに加える。・・・などである。

《参考文献》

1) 『家庭電気機器変遷史〈洗濯機〉』（社）家庭電気文化会，pp.31-34,1999.9.20
2) 山崎文誉他「低騒音・低振動・軽量型洗濯乾燥機ホームランドリー TW-F70」『東芝レビュー』（株）東芝，pp.62-65, 2000.6
3) 「全自洗」『電波新聞社』2000.6.1
4) 「洗濯機」『電波新聞社』2009.3.4
5) 「すすぐ濯乾燥機　市場，一気に拡大」『電波新聞』2001.8.11
6) 松田栄治他「遠心力乾燥洗濯機」『松下テクニカルジャーナル』松下電器産業（株），pp.5-9, 2002.3
7) 田原己紀夫他「ヒートポンプ乾燥方式ななめドラム洗濯乾燥機」『松下テクニカルジャーナル』松下電器産業（株），pp.13-17, 2006.12
8) 「洗濯機」『電波新聞社』2006.8.1
9) 「洗乾機　新製品が揃い踏み」『電波新聞社』2007.10.29
10) 「ドラム式洗濯乾燥機」日本経済新聞社　2010.4.22

第 7 章　ま と め

7.1　洗濯機技術開発の流れ

わが国における家庭用電気洗濯機の発展の歴史を，その誕生から洗濯方式別に大きく 6 項目（第 1 章～第 6 章）に分け記述した。洗濯機の普及には，洗濯技術と価格，時代ごとに変化する生活様式にマッチしている必要がある。また，衣類に対する考え，清潔感，洗剤の変化などとも大いに関連している。

わが国の電気洗濯機の歴史は，1930（昭和 5）年に国産第 1 号の製作を開始してから，約 90 年になる。はじめは，アメリカやイギリスなど海外からの輸入品を参考に開発をスタートしたが，やがてわが国に合った商品の開発へと向かい，現代では，世界的に見てもトップクラスの技術力を備えるところまで成長した。

● 洗濯方式

わが国の洗濯方式の流れは，撹拌式洗濯機からはじまり，一槽式洗濯機，二槽式洗濯機，全自動洗濯機と順次進化し，21 世紀に入りわが国独自の洗濯乾燥機が注目されている（**図 7.1**）。その変遷の経緯を，技

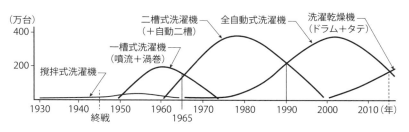

図 7.1　わが国主要洗濯方式の変遷

第7章 まとめ

術面と市場動向から確認する。

〖撹拌式洗濯機〗

　1930（昭和5）年，アメリカのハレー・マシン社から本体を技術導入し，GE社の撹拌翼を取り入れた，わが国初の撹拌式洗濯機ソーラーA型の製作に着手した。発売されたものの，当時庭付き一戸建てが720円で購入できるときに370円もした。1942（昭和17）年を過ぎると戦争がはじまり，製造は中止となり，戦前に販売されたのは約5 000台であった。戦後，小型のP型を発売し，100 W以下の洗濯機は物品税の課税対象から外されて，販売に弾みがついた。

〖一槽式洗濯機〗

　構造は，フーバーやサービスなど外国洗濯機の模倣からスタートしたが，オーバーフローすすぎ，排水弁，排水ホースの一本化，自動すすぎなど徐々に独自の工夫を施した。どの家庭もまだ収入が少なかったが，安くて小さい渦巻式の一槽式洗濯機はなんとか購入できた。

〖二槽式洗濯機〗

　こちらもフーバー洗濯機の模倣からスタートしたが，わが国独自の自動二槽式や同時進行型を開発する一方，洗濯槽のプラスチック化など量産性の向上により価格を抑えて購入しやすくする努力が払われた。

　洗濯に対する考えが変わり，「汚れたら洗う」から「着たら洗う」という生活に変化し，一度に洗う洗濯量が増えた。洗濯物が増えるに従い，洗濯容量も1.5 kgから2.5 kg，3.6 kg，1990（平成2）年に入ると4.2 kgへと徐々に大型化に向かった。また節約のため，洗濯液を2回3回と有効に使い，汚れの程度による分け洗いも普通に行われるようになった。

　一槽式洗濯機のローラ絞りにくらべ二槽式洗濯機は，脱水性能がよく部屋干しもでき，干す時間が半分ですむことが洗濯の合理化となった。

7.1　洗濯機技術開発の流れ

〖全自動洗濯機〗

　1956（昭和31）年のドラム式，1961（昭和36）年の撹拌式，1965（昭和40）年の上下動式と全自動洗濯機の開発が続くが，価格が高いのと，いまひとつ振動と騒音が大きく，市場に受け入れられなかった。

　1965（昭和40）年，渦巻式全自動洗濯機が採用した吊棒とバランサが，その後の発展につながる振動系を確立した。1975（昭和50）年に開発された液体バランサ，続くマイコン制御とセンサ技術の向上，1990年代からのインバータ制御とDDインバータ制御技術により，洗濯性能も脱水時の振動騒音対応も完璧となった。

　主婦の節約志向に応えて，節水技術も進化した。さらに，風呂水吸水ポンプを常備させて，大幅節水も可能にした。全自動洗濯機は二重槽のため黒かびが発生しやすく，槽洗浄コースを設定し，抗菌剤入りの材料を使うなど順次徹底した。衣類の除菌や，消臭技術も取り込んだ。

　一方，働く主婦は増え，1980年代半ばに50％を超えた。マンションなど共同住宅が増えるなかで，夜しか洗濯時間が取れない。うるさい洗濯機では，夜の洗濯がはばかれる。共働きで収入はそれなりに増加するなかで，静かな全自動洗濯機の人気が出てきた。1990（平成2）年に二槽式洗濯機を追い越した。

〖ドラム式洗濯乾燥機，タテ型洗濯乾燥機〗

　2000（平成12）年に入り，全自動洗濯機で培ったDDインバータ制御技術，液体バランサ技術を使って，乾燥まで自動化できるドラム式洗濯乾燥機とタテ型洗濯乾燥機を開発した。『図書館並み』の静かな洗濯機の登場である。

　消費者にとって，洗濯乾燥機の価格は高いが，夜中の洗濯を気にせずできるので便利である。

●洗濯容量

　1960年代前半までは1.5 kgが中心であった洗濯容量は年々大型化し，今では各社の代表機種は9〜12 kgが一般的となっている。全自動

第7章　まとめ

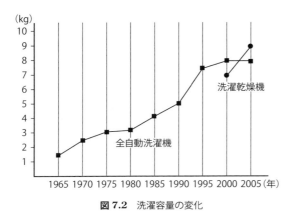

図 7.2　洗濯容量の変化

洗濯機の洗濯容量の傾向を調べてみると，まず1980年代に大型化がはじまり，さらに1990年代には急激に大型化が進んだ。(**図 7.2**)

その理由を分析すると以下のようになる。

①「汚れたら洗う」から「着たら洗う」という生活感覚の変化により洗濯量が増えたため
② シーツ，タオルケット，小サイズの毛布など「大物洗い」の要望が増えたため
③ 企業間の販売競争が激しくなり，洗濯容量を競いはじめたため

洗濯乾燥機では，4.2 kg から 12.0 kg まで沢山の機種をそろえ，顧客の要望に応えられるようになっている。

近年の洗濯乾燥機は，技術開発の成果により，快適な静かさとなり，使用電気量や使用水量も激減し，その技術に磨きがかかってきた。洗濯乾燥機は，日本人の生活スタイルをさらに大きく変えている。雨でも夜中でも関係なく自分の好きな時間に洗濯・乾燥ができるようになった。

本章の最後に「洗濯機　技術の系統化」を年代別に4ページにまとめた。

7.2　洗濯機技術発展の理由

わが国の洗濯機がここまで進化した理由は何か。
ひとつは企業が時代の要請に真摯に応えてきたことがあげられる。洗

濯機が普及する前，屋外で洗濯板とたらいを使っての洗濯は，数ある家事の中でもっとも重労働であった。一槽式洗濯機の時代は，つらい洗濯作業を軽減してくれるだけでありがたかった。「着たら洗う」時代に移ると沢山の洗濯物を短時間で洗うことができる二槽式洗濯機が求められた。また女性の社会進出が進み，共働き家庭が増えると，より便利な全自動洗濯機，洗濯乾燥機へと要望は移り変わってきたのである。

また，家電メーカーは毎年モデルチェンジを行うため，多くの技術者を抱え，常に新しい商品を開発してきた。そこに創意工夫が積み重なり，長年の歩みがドラム式洗濯乾燥機やタテ型洗濯乾燥機として花開いた。筆者の少し古い経験で恐縮だが，1980年代後半にアメリカのGE社と技術交流を行った。GE社から，新しい洗濯機の開発を任された一人の研究者がやってきた。GE社は，洗濯機を大量に生産していたが，開発の設計者はいなかった。GE社の撹拌式洗濯機は，長い間基本のモデルチェンジはしておらず，彼はゼロから勉強をはじめた。アメリカにおいては，数十年前に洗濯機は完成された商品とみなされていたのである。

そして，日本において戦後「渦巻式」洗濯機が主力になったことも，結果的に幸いした。究極の全自動洗濯機を目指すには，もっともバランスが取りにくい構造であるため，衣類が偏りやすい状態で，脱水をうまく行う吊り構造，液体バランサ，インバータ制御，DDモータなど，独自技術を積み上げた。プラスチック部品の研究も，構造の簡便化と大量生産に向け大いに寄与している。

1908年に生まれた電気洗濯機は進化し，めざした「家事重労働からの解放」はほぼ達成された。欧米の洗濯機は，自らの伝統・技術を守りながらゆっくりと技術開発を進めているが，東南アジアの一部には，日本の洗濯機技術をそのまま取り込む企業も現れている。洗濯機の技術開発に終わりはない。これからわが国の洗濯乾燥技術は，さらに磨きをかけて「世界標準」に成長させなければならない。

第7章 まとめ

表7.1 洗濯機 技術の系統化（1930〜1970）

分類		1930	1940	終戦
洗濯方式		30：撹拌式		
特殊洗浄方式				
新技術	一槽式	30：自動絞り機		
	二槽式			
新材料				
容量(kg)	撹拌式	2.7		1.5　1.8　2.0
	噴流式			
	渦巻式			
その他				
社会動向				45：終戦 45：婦人参政権 　　47：日本国憲法施行 　　　48：暮しの手帖
学卒者初任給(円)				

7.2 洗濯機技術発展の理由

	1950	1960	1970
	55：脱水兼用一槽式	61：撹拌式全自洗	
	53：噴流式　56：自動一槽洗		
	54：渦巻式　　　　60：二槽洗	66：自動二槽洗	
	51：ドラム式　　56：ドラム式全自洗	65：上下動式全自洗	
		65：渦巻式全自洗	
	56：ジェット水流		
	55：二重噴流式		
	53：振動式，真空式　　59：ジェット＋渦巻		
	52：コンデンサモータ		
	55：オーバーフロー，逆流防止，タイマ		
	56：自動反転式，自動給水		
	57：排水ポンプ		
	58：絞り機内蔵，洗濯かご		
	58：無段変速水流		
	58：排水弁		
	60：ブザー		
	62：ホース左右対称		
	63：タオル掛		
	64：シャワー注水		
	64：四段水流		
	60：乾燥ヒータ付		
	61：コンパクト脱水槽		
	64：三方弁		
	64：脱水ふた窓		
	66：超高速脱水		
	68：水位二段自動		
	64：洗濯槽 PP 二槽		
	66：ふたプラ化		
	69：本体4分割プラ二槽		
	69：ステンレス槽全自洗		
			2.0
	1.5	1.8	－
	1.5	1.8	2.0
	53：物品税の廃止		
	54：三種の神器		
	59：皇太子の結婚		
	56：神武景気	69：アポロ月面着陸	
－	12 900	16 000　　24 000	41 000

第7章　まとめ

第 7 章　まとめ

表 7.2　洗濯機 技術の系統化（1970～2010）

分　類		1970		1980	
洗濯方式		65：渦巻式全自洗 66：自動二槽洗		80：同時進行自動二槽洗	
洗浄方式				82：渦巻撹拌式 83：桶底全体大型翼 88：温水洗浄	
制御技術	全自洗	71：プログラム制御		79：マイコン・センサ融合制御 85：液体洗剤自動投入 87：粉末洗剤自動投入 86：予約タイマ	
	ドラム				
センサ技術				79：光センサ　84：布量センサ 86：容量センサ	
防振・ 静音化技術			75：流体バランサ	88：制振鋼板	
節水技術		73：穴なし槽 74：ポンプアップ		84：風呂水吸水ポンプ 83：洗濯液再利用	
材料		66：上部枠一体プラ二槽 69：ステンレス槽 70：洗・脱一体プラ槽二槽 70：本体プラ一体成形二槽 71：プラベース二槽 76：本体プラ一体成形全自洗			
容量 (kg)	全自洗主力	2.5	3.0	3.2	4.2
	ドラム式				
	タテ型				
	二槽洗	2.0	2.0	2.8	3.3
社会動向			75：女性の社会進出	86：男女雇用機会均等法 80：高齢化社会 82 フルムーン	
学卒者初任給（円）		41 000	91 000	118 000	155 000

7.2 洗濯機技術発展の理由

	1990		2000		2010
		97：ドラム式洗濯乾燥機			
			00：タテ型洗濯乾燥機		
		96：洗濯液通過洗浄		06：オゾン洗浄	
	90：ファジィ制御				
	90：インバータ制御				
	91：DDインバータ制御				
			98：DDインバータ（アウタロータ）		
			00：DDインバータ制御		
				05：ヒートポンプ式	
				06：エアコン機能付	
	91：重量センサ				
	90：インバータ制御			05：免震構造	
				05：ヒートポンプ	
	90：ステンレス槽				
	5.0	7.5	8.0	8.0	8.0
			7.0/4.5	9.0/6.0	9.0/6.0
			8.0/4.5	8.0/4.5	9.0/6.0
	4.2	5.0	5.0	5.0	5.2
		97：介護保険法			
	90：ライフスタイルの多様化				
	89：消費税3％導入		00：家電リサイクル法		
	94：製造物責任(PL)法				
	174 000	198 000	201 000	204 000	—

第7章 まとめ

第7章　まとめ

表7.3　2010年度 産業技術史資料 登録候補順位一覧（洗濯機）

順位	年代	商品名 （機種名）	製作企業名 （量産時）	資料 形態	所在地＊
1.	1930（昭和5）年	Solar A 型	芝浦製作所	量産品	東芝科学館
2.	1953（昭和28）年	SW-53	三洋電機㈱	量産品	三洋ミュージアム
3.	1932（昭和7）年	販促資料	東京電気㈱	印刷物	電気の文書館（東京電力）
4.	1961（昭和36）年	SC-AT1	日立製作所	量産品	日立多賀工場
5.	1990（平成2）年	AW-50VF2	㈱東芝	量産品	東芝愛知工場
6.	1991（平成3）年	AW-A80V1	三菱電機㈱	量産品	日本建鉄㈱船橋製作所
7.	1997（平成9）年	AW-B80VP	㈱東芝	量産品	東芝愛知工場
8.	1990（平成2）年	NA-F50Y5	松下電器㈱	量産品	パナソニック静岡工場
9.	2000（平成12）年	TW-F70	㈱東芝	量産品	東芝愛知工場
10.	2000（平成12）年	NA-FD8000	松下電器㈱	量産品	パナソニック静岡工場
11.	2005（平成17）年	NA-VR1000	松下電器㈱	量産品	パナソニック静岡工場

芝浦製作所：現(株)東芝
東京電気(株)：芝浦製作所と合併し現(株)東芝
三洋電機(株)：現 アクア(株)
日立製作所：現 日立アプライアンス(株)
(株)東芝：現 東芝ライフスタイル(株)
松下電器(株)：現 パナソニック(株)

7.2 洗濯機技術発展の理由

＊保管が明確なもののみ

	技術遺産の内容（推薦理由）
	わが国第一号撹拌式洗濯機
	わが国初噴流式洗濯機（一槽式）
	わが国第一号撹拌式洗濯機「Solar」PR誌 『電気洗濯機に依る 家庭新洗濯法』
	わが国初撹拌式全自動洗濯機
	わが国初インバータ制御全自動洗濯機，静かな公園並を実現
	世界初DD（ダイレクトドライブ）インバータ制御全自動洗濯機，DDの先駆け
	世界初DDインバータ制御全自動洗濯機，アウタロータ方式モータ開発
	わが国初ファジィ制御の全自洗，ファジィ制御の先駆け
	世界初DDインバータ制御ドラム式全自動洗濯・乾燥機，静かな図書館並を実現，ドラム式洗乾機の普及始まる
	世界初タテ型全自動洗濯乾燥機，洗濯乾燥機の新方式を確立
	世界初ヒートポンプ機能付きドラム式全自動洗濯乾燥機，洗濯乾燥機の新方式を確立

おわりに

おわりに

　人が生活すれば衣類が汚れる。汚れた衣類は洗わねばならない。その昔，洗濯は重労働だったが，洗濯機の登場で，誰もが楽に洗濯できるようになった。現代ではボタンを押すだけである。

　洗濯機は，昭和の後半には大量生産されるようになり，購入しやすい価格となった。洗濯機はもはや生活に欠かすことのできない製品である。今では年間約450万台が購入され，そのほとんどが買い換えである。

　わが国初の洗濯機は，約90年前にアメリカ製品の見様見真似で開発された。その後，使いやすく安価な商品をめざして，日夜努力を重ね，世界に誇れる商品が生み出されるようになった。

　現在，もっとも先進的なドラム式洗濯乾燥機は場所をとるため，従来の洗濯機置き場に置くことができない場合もあるという。しかし，技術の改良により，小さめのドラム式洗濯乾燥機がつくられはじめた。また，従来の洗濯機置き場に収まるタテ型洗濯乾燥機の性能も向上している。

　世界市場から見れば，日本の洗濯機は価格が高いといわれている。ドラム式で乾燥行程のない小さめの洗濯機ならだいぶ安く作ることができる。

■　謝　辞

　本書の執筆にあたり，多くの方に資料や貴重なご意見，助言をいただいた。本書のベースとなっている洗濯機の技術データは，（社）日本電機工業会（JEMA）と同洗濯機技術委員会委員（三洋アクア（株），シャープ（株），東芝ホームアプライアンス（株），日立アプライアンス（株），パナソニック（株），および日本建鐵（株），名称当時）の方々のご協力を得たものである。ご提供いただいたにもかかわらず誌面の都合で掲載

おわりに

できない資料もあり，本欄にてお詫びを申し上げたい。

■ 追 記

　2010（平成 22）年はじめに，筆者は国立科学博物館の産業技術史資料情報センターより「洗濯機」という技術領域を研究する主任調査員に推薦され，2010（平成 22）年 4 月から 1 年間かけて「洗濯機」の調査・研究を行った。その成果は，2011（平成 23）年 3 月，「国立科学博物館　技術の系統化調査報告」（第 16 集）としてほかの技術テーマとともにまとめられた。本書は，その成果を一部書き改め書籍化したものである。

　2019 年 7 月

大西正幸

付　録

付　録

付録1　わが国の主な洗濯方式の変遷，新洗剤発売

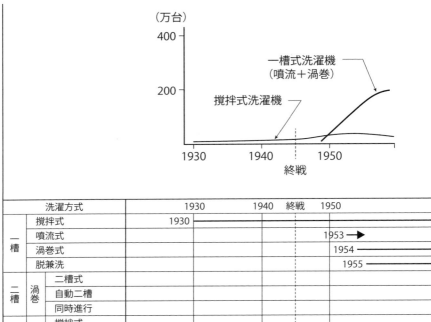

洗濯方式			1930	1940	終戦	1950
一槽	撹拌式		1930 ————————————————————————			
	噴流式					1953 →
	渦巻式					1954 ————
	脱兼洗					1955 ————
二槽	渦巻	二槽式				
		自動二槽				
		同時進行				
全自洗	渦巻	撹拌式				
		全自洗				
		タテ洗乾				
	ドラム	洗・脱				1956 →
		洗・脱・乾				
		DDインバータ				
		ヒートポンプ				
新洗剤発売（年）				37：中性合成洗剤		51：弱アルカリ性粉末合成洗剤

付　録

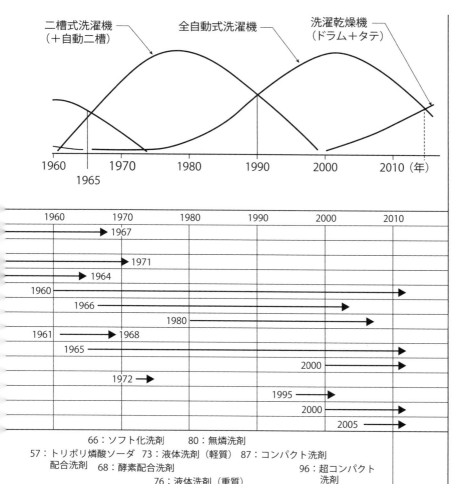

66：ソフト化洗剤　　80：無燐洗剤
57：トリポリ燐酸ソーダ　73：液体洗剤（軽質）　87：コンパクト洗剤
　　配合洗剤　　68：酵素配合洗剤　　　　　　　96：超コンパクト
　　　　　　　　76：液体洗剤（重質）　　　　　　　洗剤

付　録

付録2　わが国の洗濯機　主要機種開発年表

年代	三洋（現アクア）	シャープ	東芝
1930			30 ソーラー A 型：初 撹拌式国産第 1 号，自動絞り機付 32～40 ソーラー B，C，D，E，K 型
1940			46 ソーラー D 型 47 進駐軍家族向け（1 300 台）納入 49 ソーラー F 型：自動絞り機付
1950	53 SW-53：初 噴流式，一槽洗 55 SW-56：渦巻式 56 SW-2000：ジェット水流 58 SW-20：自動反転，渦巻式	57 ES-163：渦巻式，排水弁付，一槽洗 59 ES-310：自動反転渦巻，給排水ポンプ	51 FW 型：ホーロー，自動絞り機付 52 P 型：小型撹拌式 54 V 型：噴流式，一槽洗 55 VB-3：タイマ付，オーバーフロー 55 VF-3：遠心脱水兼用洗濯機，渦巻式 56 DA-6：初 ドラム式全自洗 56 VJ-3：初 自動反転，噴流式 58 CA-3：遠心脱水機 58 VW-4：自動反転，渦巻式
1960	60 SW-400：初 二槽洗，脱水槽ヒータ付 60 SW-150：遠心脱水機 62 SW-203：風呂水ポンプ付 65 SW-231：排水ポンプ付，凍結防止 66 SW-500：全自洗 67 SW-5：小型（ベビー）洗濯機 67 SW-701S：初 電子洗濯機，一槽洗 69 SW-762：初 糸くず取り，二槽洗	60 ES-323：小型洗濯機（ハヤペット），噴流 62 ES-304：初 自動すすぎ，一槽洗 67 ES-2100：PP 槽，一槽洗 69 ES-5000：自動二槽洗 69 ES-6000：全自洗	63 AW-2010：撹拌式全自洗 64 VH-5010：二槽洗，三方弁，脱水窓付 66 AW-1000S：自動二槽洗 66 VH-8000：ステンレス・プラ，防錆二槽 68 AW-2000：渦巻式全自洗，自動ブレーキ
1970	70 SW-501：凍結防止ヒータ，全自洗 70 SW-802：自動二槽洗 71 SW-6000：初 プラベース二槽洗 72 SW-6202：初 満水ブザー，二槽洗 74 SW-7005：節水ポンプアップ，全自洗 75 SW-8000：世界初 流体バランサ，全自洗	71 ES-2600D：初 洗剤置場所付二槽 73 ES-8800F：プログラム全自洗 73 ES-8200：初 ソフト仕上剤自動投入 74 ES-3000：初 脱水二重ぶた，二槽洗 75 ES-9000：世界初 液体バランサ，全自洗 78 ES-770MC：マイコン全自洗	75 AW-2750：孔なし槽全自洗 75 VH-7511L：脱水ぶた自動ロック式，二槽洗 76 AW-2810：液体バランサ，プラ槽，全自洗 78 AW-7000：本体プラ，ワンタブ槽，全自洗 79 AW-8800：初 マイコン・センサ融合全自洗

付　録

日立	松下（現パナソニック）	三菱
52 SM-A1：米軍納入（100台）撹拌式 54 R-A：小型撹拌式 55 SH-PT1：渦巻一槽洗 58 SH-JT10：ジェット水流	51 MW-101：撹拌式 54 MW-301：噴流式，角型 55 MW-307：[初]オーバーフロー噴流式 56 N-30：渦巻式 56 N-50：自動給水，噴流式 58 N-200：内蔵絞り機，洗濯かご，渦巻式 59 HD-150：遠心脱水機	52 MW-1：撹拌式 54 PW-101：噴流式 58 EW-301：渦巻式，自動すすぎ
60 SC-1：遠心脱水機 61 SC-AT1：[初]撹拌式全自洗 63 SC-PT1：脱水兼用洗濯機，渦巻式 63 SC-PT200：二槽洗 65 PF-500：[世界初]渦巻式全自洗 69 PF-580：4段切替ボタン，全自洗	60 N-1100：脱水兼用洗濯機，一槽式 60 N-1000：二槽洗，ヒータ付 61 N-1050：二槽洗，細脱水槽，軸シール 64 N-1055：[初]洗濯槽 PP 65 N-7000：上下動式全自洗 66 N-1070：[初]超高速脱水，二槽洗 66 N-3000：[初]上部枠一体 PP 槽二槽 67 N-6000：自動二槽洗，超高速脱水	60 EWD-401：ポンプ付，渦巻式 61 CW-701：二槽洗，乾燥ヒータ付（脱水槽） 61 MD-100：遠心脱水機 64 EWA-900：自動（洗い‐すすぎ）一槽洗 66 CWA-800：[初]自動二槽洗 69 PW-2000：[初]本体4分割（ABS）オールプラ，二槽洗 69 AW-3200：全自洗，[初]ステンレス槽，全自洗
70 PS-8600：プラ洗濯槽，一槽洗 71 PF-581：糸くず取り装置付，全自洗 72 PF-588：[初]節約サイクル，全自洗 77 PF-1000：マイコン全自洗	70 N-3900：[初]PP（洗・脱）一体槽，二槽洗 71 N-7510：渦巻式全自洗 71 NA-7800：[初]プログラム全自洗 73 NA-8070：[初]穴なし槽，節水，全自洗 78 NA-890L：マイコン全自洗	70 PW-2400：[初]本体プラ一体成形，二槽洗 76 AW-8000：[初]本体プラ一体成形，ボールバランサ，全自洗 77 AW-7600：流体バランサ，全自洗 78 AW-300：[初]マイコン全自洗

付　録

付録2　わが国の洗濯機　主要機種開発年表（つづき）

年代	三洋（現アクア）	シャープ	東芝	
1980	80 SW-003：[初]全自洗＋一槽 83 ASW-L333：[初]貯水槽付全自洗	85 ES-D365：[初]仕上り予約タイマ，全自洗 86 ES-D426：容量センサ，全自洗 87 ES-40N7：同時進行二洗 87 ES-X1：二槽式洗乾機［全自洗＋乾燥機］ 88 ES-M338：オールプラ，全自洗 88 ES-V458：[初]温水洗浄全自洗	80 ASD-500N：[初]シャワーすすぎ，自動二槽 85 AW-SX1：[初]底全体撹拌翼，全自洗 87 AW-SX810：[初]粉末洗剤自動投入，全自洗	
1990	91 ASW-60V3：[初]重量センサ，洗剤量目安 94 ASW-50A1：シャワーすすぎ節水全自洗 96 ASW-500：ドラム洗乾機（OEM） 97 ATW-008：[初]全自洗＋噴流一槽 98 ASW-EP80A：超音波洗浄，全自洗	91 ES-B750：[初]気泡洗濯，全自洗 92 ES-BE65：[初]穴なし節水，全自洗 95 ES-E60：[初]ドラム式洗乾機（OEM）	90 AW-50VF2：[初]インバータ制御全自洗 94 AW60X7：[初]時間半分・水半分，全自洗 97 AW-B80VP：[世界初]DDインバータ全自洗	
2000	00 ASW-EP800：[初]傾斜槽，全自洗 01 ASW-ZR800：[初]電解水装置，全自洗 02 AWD-A845Z：[初]両軸ドラム洗乾機 06 AWD-AQ1：[世界初]オゾン洗浄付洗乾機	00 ES-WD74：ドラム式DDインバータ洗乾機 01 ES-U80C：[初]超音波部分洗い全自洗 05 ES-HG90：[初]免振構造ドラム洗乾機	00 TW-F70：[世界初]DDインバータ制御，ドラム洗乾機 06 TW-2500VC：[世界初]エアコン機能付，ヒートポンプドラム洗乾機 09 TW-Z9000：[初]高圧ダブルシャワードラム洗乾機	
2010	12 ＜中国・ハイアール傘下へ＞ 14 ドラム式洗乾機から撤退	14 ES-Z200：マイクロ高圧洗浄 16 ＜台湾・鴻海の傘下へ＞	13 TW-96X1L：[世界初]汚れが付かない洗濯槽 16 ＜中国・美的集団傘下へ＞ 17 AW-105V6：[初]ウルトラファインバブル洗浄全自洗	

付　　録

日立	松下（現パナソニック）	三菱
82 KW-10L：渦巻撹拌式，全自洗 85 KW-46X：液体洗剤自動計量，全自洗 87 KW-S421：静音設計（45ホン）全自洗	83 NA-F300L：電子コントロール，U型翼 84 NA-AS-2L：オールセンサ（光，圧力）全自洗 88 NA-F42Y1：電子制御，布量センサ，全自洗	84 CW-K300：[初]マイコン撹拌式，二槽洗 85 AW-K360：[初]マイコン全自洗，衣類センサ 87 AW-K600：大容量（6.0kg）全自洗 88 CW-366T：[初]洗える脱水槽，二槽洗
90 KW-70R1：ステンレス槽，全自洗 93 NW-60R5：高速脱水（千回転）全自洗 94 NW-60RS1：吸水ポンプ付全自洗 98 NW-8P5：イオン洗浄，全自洗 99 NW-8PAM：PAMインバータ，全自洗	90 NA-F50Y5：[初]ファジィ制御全自洗 96 NA-F60HP1：[初]洗濯液通過洗浄，全自洗 97 NA-SK60：[初]ドラム式洗乾機	91 AW-A80V1：[世界初]DDインバータ，全自洗 95 MAW-60J1：槽逆回転全自洗 98 MAW-V8MP：インバータ全自洗
00 NW-8PAM2：[初]音声ガイド，メロディ，全自洗 01 NW-D8AX：タテ型洗乾機 04 NW-DV8E：ビート式タテ洗乾機 06 BD-V1：ドラム式洗乾機 07 BD-V2000：シワ防止ドラム式洗乾機	00 NA-FD-8000：[世界初]タテ型洗乾機 03 NA-V80：[初]傾斜（30度）ドラム洗乾機 05 NA-VR1000：[世界初]ヒートポンプ乾燥，ドラム式洗乾機	02 MAW-D8TP：タテ型洗乾機 02 MAW-V8TP：[初]インバータ簡易乾燥付，全自洗 07 MVW-VD1：[初]タテ型角度自動調整洗乾機 08 ＜洗濯機事業から撤退＞
10 BD-V1200：ヒートリサイクル乾燥ドラム洗乾機 11 BD-V7300：[初]洗濯容量10kgドラム洗乾機 16 BD-NX120A：[初]洗濯容量12kgドラム洗乾機	11 NA-VD100L：[初]小容量6kgドラム洗乾機	

企業名は五十音順

付　録

付録 3　洗濯機 年代別（生産・輸出・出荷）台数

年代	生産台数（国内）	輸出台数	出荷台数（国内）	年代	生産台数（国内）	輸出台数	出荷台数（国内）
1930〜45	約 5 000	—	—	1978	4 272 000	546 000	3 697 000
1946	162	—	—	1979	4 360 000	571 000	3 967 000
1947	1 854	—	—	1980	4 879 000	1 132 000	3 942 000
1948	265	—	—	1981	4 759 000	1 135 000	3 847 000
1949	364	—	—	1982	4 787 000	1 314 000	3 841 000
1950	2 328	—	—	1983	4 981 000	1 306 000	3 821 000
1951	3 388	—	—	1984	5 277 000	1 633 000	3 828 000
1952	15 117	—	—	1985	5 092 000	2 069 000	3 680 000
1953	104 679	—	—	1986	4 661 000	1 086 000	3 793 000
1954	265 552	—	—	1987	4 772 000	866 000	4 032 000
1955	461 267	—	—	1988	5 118 000	794 000	4 442 000
1956	754 458	—	—	1989	5 141 000	657 000	4 691 000
1957	854 564	—	—	1990	5 576 000	853 000	4 946 000
1958	988 309	—	—	1991	5 587 000	890 000	5 099 000
1959	1 189 034	—	—	1992	5 225 000	869 000	4 666 000
1960	1 528 997	—	1 480 000	1993	5 163 000	750 000	4 615 000
1961	2 161 100	—	2 020 000	1994	5 042 000	587 000	4 685 000
1962	2 445 500	—	2 384 000	1995	4 876 000	478 000	4 802 000
1963	2 785 000	—	2 646 000	1996	5 006 000	454 000	4 861 000
1964	2 479 000	—	2 552 000	1997	4 818 000	355 000	4 807 000
1965	2 302 000	—	2 294 000	1998	4 468 000	329 000	4 446 000
1966	2 591 000	—	2 378 000	1999	4 287 000	251 000	4 281 000
1967	3 285 000	—	2 810 000	2000	4 179 000	209 000	4 326 000
1968	3 776 000	—	3,338,000	2001	4 059 000	136 000	4 540 000
1969	4 282 000	—	3 96 0001	2002	3 524 000	115 000	4 148 000
1970	4 376 000	166 000	4 182 000	2003	3 133 000	111 000	4 347 000
1971	4 094 000	272 000	3 949 000	2004	2 848 000	99 000	4 437 000
1972	4 205 000	329 000	3 870 000	2005	2 622 000	106 400	4 623 000
1973	4 367 000	264 000	4 175 000	2006	2 558 000	102 000	4 744 000
1974	3 589 000	263 000	3 504 000	2007	2 397 000	70 000	4 652 000
1975	3 569 000	264 000	3 193 000	2008	2 294 000	66 000	4 540 000
1976	3 914 000	423 000	3 480 000	2009	2 048 000	37 000	4 297 000
1977	4 016 000	440 000	3 512 000				

1946〜1954：「日本電機工業史 第 1 巻」JEMA, 1956 年 4 月
1946〜1968：「日本電機工業史 第 2 巻」JEMA, 1970 年 12 月
1969〜1978：「日本電機工業史 第 3 巻」JEMA, 1979 年 12 月
1963〜1976：「日本の家電産業」JEMA, 1977 年 9 月
1969〜1982：「日本の家電産業」JEMA, 1983 年
1979〜1996：「日本電機工業会 50 年の歩み」JEMA, 1998 年 5 月
1984〜1990：「日本の電機産業」JEMA, 1991 年 8 月
1996〜2000：「日本の電機産業」JEMA, 2001 年 8 月
1997〜2001：「日本の電機産業」JEMA, 2002 年 10 月
1994〜2009：「国内出荷実績」JEMA, 2010 年 11 月

付　録

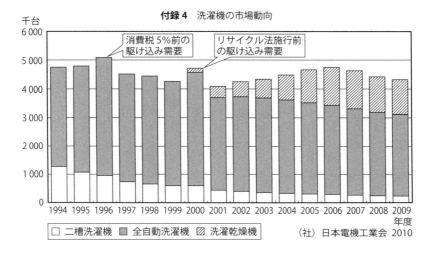

付録4　洗濯機の市場動向

索引

【欧文】

Altorfer Brothers Company (ABC) …… 54
Bendix Corporation …… 55
blue day …… 4
Dexter …… 54
Direct Drive (DD) …… 111, 131
EASY Washing Machine Company …… 54
Edison …… 15
Frederick C. Ruppel …… 54
Frederick L. Maytag …… 13
front loading …… 55
General Electric (GE) …… 14, 54
Gibson …… 34
Gyratator …… 13
Hamilton Manufacturing Company …… 116
High-Center Gyratator …… 14
Hoover …… 33
Hoovermatic Twintubs, Model 3444 …… 56
Hotpoint …… 16
Howard Snyder …… 13
J. Ross Moore …… 115
James T. King …… 7
Jhon W. Chemberlain …… 81
Langstroth …… 46
Laundromat …… 85
Noble H. Watts …… 16
Parnall …… 116
Servis Limited …… 38, 54
soap …… 2
Solar …… 20
Thor …… 11
top loading …… 55
Westinghouse (WH) …… 85
Whirlpool …… 116
William Blackstone …… 7
wringer …… 5

【あ行】

アウタロータ方式 …… 112
アクリル・ニトリル・ブタジエン・スチロール共重合体樹脂 …… 60
アサヒグラフ …… 25

索　引

アジテータ …………………… 86
アルミダイキャスト ………… 42
アルミニウム一体槽 ………… 13
アンバランス自動補正 ……… 102
イージー社 …………………… 54
溢水口 ………………………… 40
一槽式洗濯機 ………………… 144
衣類乾燥機 …………………… 115
岩戸景気 ……………………… 50
インナロータ方式 …………… 113
インバータ制御 ……………… 110
ウイリアム・ブラックストーン
　…………………………………… 7
ウェスチングハウス社 ……… 85
渦巻式 ………………………… 75
渦巻式全自動洗濯機 ………… 90
渦巻式洗濯機 ………………… 38
エアコン機能付きヒートポンプ・
ドラム式洗濯乾燥機 ………… 139
AS 樹脂 ……………………… 60
ABS 樹脂 ……………………… 60
エービー社（ABC） ………… 54
液体洗剤 ……………………… 103
液体バランサ ………… 108, 132
エジソン ……………………… 15
遠心脱水装置付き洗濯機 …… 88
オイルダンパ ………………… 132
大井電気（株） ……………… 23
大型化 ………………………… 146
大物洗い ……………………… 146

奥山岩太郎 …………………… 8
温度センサ …………………… 107

【か行】

外転型方式 …………………… 112
撹拌式 …………………… 55, 77
撹拌式洗濯機 ………………… 144
撹拌翼 …………………… 13, 86
カラー鋼板 …………………… 64
間欠運転 ……………………… 73
機械化の文化史 ……………… 46
技術の系統化調査報告 ……… 155
着たら洗う …………… 144, 147
木 灰 …………………………… 1
ギブソン ……………………… 34
逆流防止装置 ………………… 40
給水弁 ………………………… 68
吸排水ポンプ ………………… 40
久能木式洗濯器 ……………… 9
軽量化設計 …………………… 65
国立科学博物館 ……………… 155
固体バランサ ………………… 108
コンシューマー・レポート
　…………………………………… 55
コンプレッサ ………………… 138

【さ行】

サービス社 ……………… 38, 54
三方弁 ………………………… 41
GE 社 …………………… 14, 54

索　引

ジークフリード・ギーディオン
　　……………………………… 46
J・ロス・ムーア ……………… 115
JEMA ………………………… 154
ジェームス・T・キング ………… 7
軸受機構部 ……………………… 99
自動一槽式洗濯機 ……………… 43
自動給水機能 …………………… 40
自動二槽式洗濯機 ……………… 67
自動ローラ絞り機 ……………… 84
自動ローラ絞り機付き洗濯機 … 55
芝浦マツダ工業(株) …………… 23
絞 り 機 …………………………… 5
しゃぼん ………………………… 2
シャワーすすぎ ………………… 72
シャワーパイプ ………………… 72
手動式洗濯機 …………………… 6
上面開閉式 ……………………… 55
除湿機能 ……………………… 121
女性解放の道具 ………………… 13
女性の社会進出 ……………… 147
所得倍増計画 …………………… 50
ジョン・W・チェンバレン …… 81
ジラテータ ……………………… 13
進駐軍家族 ……………………… 26
神武景気 ………………………… 50
水位スイッチ …………………… 68
すすぎ・洗い同時進行 ………… 71
スプリング・クラッチ ………… 93
世界標準 ……………………… 147

石けん …………………………… 1
ゼネラル ………………………… 39
ゼネラルエレクトリック社
　　………………………… 14, 54
旋回翼 …………………………… 13
洗剤自動投入器 ……………… 103
全自動洗濯 …………………… 145
全自動洗濯乾燥装置 ………… 119
全自動洗濯機 ………………… 85
洗 濯 板 …………………………… 2
洗濯行程 ………………………… 95
洗濯コース …………………… 101
洗 濯 棒 …………………………… 4
洗濯容量 ……………………… 145
前面開閉式 ……………………… 55
専用スタンド ………………… 120
ソアー …………………………… 11
ソープ …………………………… 2
ソーラー ………………………… 20

【た行】

タイムスイッチ ………………… 40
ダイレクトドライブ ………… 111
ダイレクトドライブモータ …… 98
高島屋 …………………………… 56
たしかな目 ……………………… 74
脱水率 …………………………… 48
タテ型洗濯乾燥機 ……… 135, 145
タテ型の水冷除湿乾燥 ……… 136
たらい …………………………… 2

索　引

ツータッチ選択コース ……… 101
DD ………………………… 111, 131
DD インバータモータ … 112, 131
DD モータ ………………………… 98
低振動 ……………………………… 131
低騒音 ……………………………… 131
デクスター ………………………… 54
電氣洗濯機に依る家庭新洗濯法
………………………………………… 22
電磁振動方式 ……………………… 30
電動機 ……………………………… 10
電波新聞 …………………………… 125
東京電気（株） …………………… 12
東芝百年史 ………………………… 20
図書館並の静かさ ………………… 114
トップローディング ……… 55, 86
共働き家庭 ………………………… 147
ドラム式 …………………… 55, 77
ドラム式ガス衣類乾燥機 ……… 117
ドラム式全自動洗濯乾燥機 … 129
ドラム式洗濯乾燥機 …………… 145
ドラム式電気衣類乾燥機 ……… 117
ドリー ……………………………… 4

【な行】

内転型方式 ………………………… 113
二重パルセータ …………………… 40
二槽式洗濯機 ………… 53, 56, 144
二段水流調節機能 ………………… 40
日進機械工業（株） ……………… 47

（社）日本電機工業会（JEMA）
………………………………………… 154
ニューロ・ファジィ …………… 107
抜き勾配 …………………………… 63
熱交換器 …………………………… 121
熱交換ファン方式 ……………… 122
ノーブル・H・ワッツ ………… 16

【は行】

パーナル社 ………………………… 116
排水弁 ……………………… 40, 97
ハイセンター・ジラテータ … 14
白熱電球 …………………………… 19
働く主婦 …………………………… 145
発光ダイオード ……… 100, 102
バット ……………………………… 4
羽仁もと子 ………………………… 9
ハミルトン社 …………………… 116
ハワード・シニダー …………… 13
ヒートポンプ・ドラム式洗濯乾燥機
………………………………………… 137
PP 樹脂 …………………………… 60
光センサ …………………………… 102
標準洗濯機 ………………………… 22
ファジィ制御 …………………… 105
ファジィ理論 …………………… 105
フィン ……………………………… 121
フーバー …………………………… 33
ふたスイッチ兼安全装置 ……… 98
物品税 ……………………………… 27

索　引

プラスチック ………… 42
プラスチックベース ………… 64
プラベース ………… 64
プランジャー ………… 4
ブルーデイ ………… 4
ブレーキ構造 ………… 91
ブレーキバンド方式 ………… 94
フレデリック・C・ラッペル … 54
フレデリック・L・メイタグ … 13
フロントローディング …… 55, 86
粉末洗剤 ………… 103
噴流式洗濯機 ………… 35
へるくれす洗濯器 ………… 9
ベルトコンベア方式 ………… 42
ベンディックス社 ………… 55
防振構造 ………… 91
ホース継ぎ手 ………… 68, 94
ホームランドリー ………… 119
ホットポイント ………… 16
ポリプロピレン樹脂 ………… 60

【ま行】

マイコン制御 ………… 100
増田福松 ………… 8
マツダ新報 ………… 15
三井物産 ………… 12
メイタグ社 ………… 13
モータ ………… 10
モータ駆動方式 ………… 97
モニタートップ型電気冷蔵庫 … 16

【や行】

八欧電機 ………… 39
容量センサ ………… 101, 105
汚れセンサ ………… 102, 106
汚れたら洗う ………… 144
夜の洗濯 ………… 145

【ら行】

ラングストロス ………… 46
リンガー ………… 5
ローラ絞り機 ………… 45

【わ行】

ワールプール社 ………… 116
ワンタッチ選択コース ……… 101

【著者紹介】

大西 正幸 （おおにし・まさゆき）

生活家電研究家。博士（工学）。道具学会 理事。

1940 年　兵庫県生まれ
1962 年　姫路工業大学（現 兵庫県立大学）（機械工学科）卒業後，
　　　　（株）東芝入社，家電事業部門の技師長
2003 年　東京都立工業高等専門学校（設計工学）講師
2004 年　新潟大学大学院（自然科学研究科）博士後期課程修了
2010 年　国立科学博物館 産業技術史資料情報センター 主任調査員
著　書　『電気釜でおいしいご飯が炊けるまで』（技報堂出版，2006）
　　　　『電気洗濯機 100 年の歴史』（技報堂出版，2008）
　　　　『生活家電入門』（技報堂出版，2010）
　　　　『にっぽん 家電のはじまり』（技報堂出版，2016）
雑誌・新聞に記事・コラムなどを執筆。講演活動。テレビ出演（NHK・民放）。
ma-ohnishi@nifty.com

創意と工夫の系譜
電気洗濯機の技術史

定価はカバーに表示してあります。

2019 年 8 月 5 日　1 版 1 刷発行

著　者	大　西　正　幸
発 行 者	長　　　滋　彦
発 行 所	技報堂出版株式会社

〒101-0051　東京都千代田区神田神保町1-2-5

日本書籍出版協会会員
自然科学書協会会員
土木・建築書協会会員
Printed in Japan

電　話　営　業（03）(5217)0885
　　　　編　集（03）(5217)0881
F　A　X（03）(5217)0886
振替口座　00140-4-10
U　R　L　http://gihodobooks.jp/

ISBN978-4-7655-3269-3 C1053

©Masayuki Ohnishi, 2019　　装丁：田中邦直　印刷・製本：昭和情報プロセス

落丁・乱丁はお取り替えいたします。

JCOPY ＜出版者著作権管理機構 委託出版物＞
本書の無断複写は著作権法上での例外を除き禁じられています。複写される場合は，そのつど事前に，出版者著作権管理機構（電話 03-3513-6969，FAX 03-3513-6979，e-mail:info@jcopy.or.jp）の許諾を得てください。

◆ 小社刊行図書のご案内 ◆

定価につきましては小社ホームページ (http://gihodobooks.jp/) をご確認ください。

にっぽん 家電のはじまり

大西正幸 著
B6・172頁

【内容紹介】約120年前，市民の「あこがれの家電生活」は，白熱電球からはじまった。その後，扇風機，電熱器，アイロンなどが欧米から輸入され，大正末期から昭和初期になると，電気冷蔵庫，電気洗濯機，電気掃除機といった大物商品も売り出された。しかし，当時の家電製品は相対的に価格が高く，市民が気軽に買えるものではなかった。それから時を経て現在，無数の家電製品に囲まれた生活から考えると，かつてこのような時代があったことなど到底考えられないが，歴史的には家電のない時代のほうがうんと長い。本書では，こうした家電製品が発明され普及していく黎明期を探った。具体的には大正，昭和初期（戦前）の利用実態を中心にまとめ，戦後の流れを簡単に辿っている。

生活家電入門
―発展の歴史としくみ―

大西正幸 著
B6・260頁

【内容紹介】わたしたちのまわりには，冷蔵庫，洗濯機，掃除機をはじめ，数多くの電気製品がある。これらは「生活家電」と呼ばれ，毎日の生活に欠かせない商品である。生活家電はどのように発展してきたのだろうか？ 基本的なしくみはどうなっているのか？ 長年，生活家電の開発に携わってきた著者が，その経験をもとに，商品開発の歴史，基礎技術，さらに省エネや安全対策技術を丁寧に解説した。

電気洗濯機 100 年の歴史

大西正幸 著
B6・236頁

【内容紹介】アメリカで電気洗濯機が発明されて100年を経た。戦後，アメリカから技術を導入し，国産品の開発に乗り出したわが国の電気洗濯機は，その住環境や生活習慣により独自の発展を遂げた。わが国独自の技術であるヒートポンプ・ドラム式洗濯機は世界標準となる可能性を秘めている。本書は，電気洗濯機の技術的変遷ともにわが国の生活文化を振り返る。

電気釜でおいしいご飯が炊けるまで
―ものづくりの目のつけどころ・アイデアの活かし方―

大西正幸 著
B6・208頁

【内容紹介】電気釜は今でこそごく当たり前のように私たちの生活に浸透しているが，わずか50年前までは「米と水を入れ，スイッチを押せばご飯が炊ける」機械など思いもよらないものであった。本書は，筆者が長年電気釜の開発に携わってきた経験を生かし，電気釜の歴史としくみについてまとめた書。半世紀にわたる電気釜の歴史を紐解く中で，なぜいまもって家電メーカーが「おいしい炊く」努力を続けているのか，その理由を掘り下げる。

技報堂出版 TEL 営業03 (5217) 0885 編集03 (5217) 0881
FAX 03 (5217) 0886